本研究得到国家创新研究群体基金《西部建筑环境与能耗控制理论研究（51221865）》、"十三五"国家科技支撑计划资助课题子项目《藏区、西部及高原地区建筑负荷被动削减原理及技术（2016YFC0700401-01）》的资助

牧民定居点居住建筑模式研究

——以祁连山北麓牧区为例

张　磊　著

U0173631

中国建筑工业出版社

图书在版编目（CIP）数据

牧民定居点居住建筑模式研究：以祁连山北麓牧区
为例 / 张磊著 . —北京：中国建筑工业出版社，2020.2
ISBN 978-7-112-24670-0

Ⅰ.①牧… Ⅱ.①张… Ⅲ.①牧区—居住建筑—
建筑设计—研究—西北地区 Ⅳ.①TU241.4

中国版本图书馆CIP数据核字（2020）第022147号

本书以祁连山北麓牧区为例，系统分析了影响牧区居住建筑的外部环境因素，以及居住建筑内部与外部环境之间的相互关系，总结了牧民定居点居住建筑演变的影响要素和规律，提出了牧民定居点居住建筑设计策略，进而通过模式理论的建构，提出牧区建筑选址布局模式、建筑空间模式、建筑技术模式、地域语言模式，并通过建筑方案创作实践加以验证。

本书可供建筑设计人员、牧民定居点规划与设计方向的研究者和设计者等参考。

责任编辑：许顺法
责任校对：王　烨

牧民定居点居住建筑模式研究——以祁连山北麓牧区为例
张磊　著

＊

中国建筑工业出版社出版、发行（北京海淀三里河路9号）
各地新华书店、建筑书店经销
北京点击世代文化传媒有限公司制版
北京建筑工业印刷厂印刷

＊

开本：787×1092毫米　1/16　印张：12¼　字数：253千字
2020年7月第一版　2020年7月第一次印刷
定价：**58.00**元
ISBN 978-7-112-24670-0
　　　　（35184）

前　言

我国西部地区分布着大量的山地草原，地势海拔高，植被呈垂直分布，地形起伏大，气候环境恶劣，生态体系复杂。这些地区既是我国重点自然保护区和西部内陆主要河流的水源地，又是我国少数民族牧民主要聚居地。

本书选取甘肃省境内的祁连山北麓牧区为研究对象。该地区在保护生态环境、改善牧民生活环境和提高生活水平、新型城镇化发展建设和保护民族文化的背景下，牧民定居点居住建筑的生态化、现代化和地域性建设显得十分必要。但现有牧民定居点内居住建筑出现了直接照搬城市住宅的现象，并存在应对自然生态环境措施不足、建筑空间功能不完善、传承地域文化方式单一和逐渐失去牧区居住建筑内涵等问题。因其自身的缺陷和局限，制约了该牧区牧民定居工程的良性建设。新的居住要求与现实条件决定了定居点内居住建筑必须更新以解决其出现的各种问题。因此，本书以祁连山北麓牧区牧民定居点居住建筑为研究对象，对其建立一套适合的建筑模式理论是本书研究的目的。

本书从祁连山北麓牧区环境出发，系统分析了影响该地区居住建筑的外部环境因素，并运用生态学基本原理和环境决定理论，分析了居住建筑系统内部与外部环境之间的相互关系。通过对该地区现有定居点居住建筑进行深入的现场实地调研和仪器测试数据分析，发现建筑空间适应性差、能耗高、室内热舒适性不足、太阳能利用方式不够和地域建筑文化缺失等现象，牧区传统建筑所蕴含的草原文化生态营造智慧被现代工业化的建造方式所完全取代。对于上述问题不能仅按照传统的建筑设计方法去解决，还要从地区建筑学方法论出发，按照绿色建筑设计方法探索该地区牧民定居点居住建筑模式化的解决方案。

通过对祁连山北麓牧区牧民定居点聚落的演变及居住建筑演变历程以及建筑空间、形态、技术的演变等内容进行深入分析，提出了该地区牧民定居点居住建筑的演变影响要素和规律。从分析建筑内涵出发，找到决定该地区居住建筑形式及演变的系统关系和居住建筑原始模型，为定居建筑设计提供理论依据。

以祁连山北麓牧区发展背景及定居点居住建筑存在的问题为依据，以居住建筑拥有地域性特征并符合时代性为要求，以符合地域环境特征、满足牧民现代生产生活需求、降低建筑能耗并利用可再生能源、提供健康的物理环境作为原则，本书提出了该地区定居点居住建筑设计策略。具体为顺应自然生态环境的控制性设计策略、建筑空间的适应性设计策略、适宜性技术利用的优化性设计策略和地域建筑文化传承的再生性设计策略。

进而通过模式理论的建构，提出建筑选址布局模式、建筑空间模式、建筑技术模式、地域语言模式四方面的建筑模式，通过四者之间共同作用，实现建筑功能、技术、文化三位一体的融合发展，具有对自然生态环境和生产生活方式双适应的特征。建筑选址布局模式是综合考虑地域气候及地形条件以及顺应当地自然生态环境的基础上，进行建筑选址和总体布局；建筑空间模式是从内部空间构成入手，按照空间功能进行分类并明确模块化的布局模式；建筑技术模式是从建筑建构方式、建筑构造和资源利用三方面考虑提出的模式；地域语言模式主要是从建筑形体语言、装饰与色彩几方面，总结其表现方式，从而找到实现地域建筑文化的延续与传承的方法。

结合祁连山北麓牧区牧民定居点居住建筑模式理论和设计方法，通过肃南康乐乡牧民定居点示范工程项目进行了建筑方案创作实践。通过计算机定量模拟方式对方案的生态性能进行评定，以验证该建筑模式理论和方法的合理性和有效性。

本书旨在推动祁连山北麓牧区牧民定居工程建设的可持续发展，完成该地区牧民定居点居住建筑生态化、现代化、地域性的建设目标。

目　录

1.

绪论

1.1 研究背景及问题提出

1.1.1 祁连山北麓牧区社会面临的机遇与挑战

我国西部山地草原牧区集少数民族聚居区、国家级自然保护区、经济社会发展水平相对滞后区为一体。特殊的自然环境与社会现象，使得西部山地草原牧区的居住建筑发展呈现自身特有的规律。

祁连山北麓牧区作为我国西部山地草原牧区重要的组成部分，在当前国家一系列的政策推动下，该牧区面临前所未有的机遇与挑战：（1）2017 年《国务院关于印发"十三五"节能减排综合工作方案的通知》，标志着我国低碳经济进入深化实施阶段；（2）习近平在十九大报告中指出："生态文明建设功在当代、利在千秋"[①]；人们认识到"人与自然是生命共同体，人类必须尊重自然、顺应自然、保护自然"，标志着我国走向生态文明建设的新时代[②]；（3）西部少数民族聚居区多属于贫困地区，新型城镇化建设和社会主义新农村建设任重道远；（4）2012 年国家发改委出台《全国游牧民定居工程建设"十二五"规划》，因当地生态环境的恶化需要对牧民实施生态移民定居工程。这些政策直接关系着祁连山北麓牧区中牧民的居住问题，而居住建筑首当其冲。导致现有居住建筑一方面将受到这些外力的强烈冲击，但另一方面也迎来了前所未有的发展机遇。因此，祁连山北麓牧区居住建筑需要在适应与发展的过程中做出相应的改变，形成新居住建筑。本地区新居住建筑建设在适应新时期生产生活变化的基础上，还应具有时代性和地域性特征。

---

① 十九大报告：习近平直抵人心的 50 句话 [J]. 记者观察，2017（11）：16-17
② 许尔君 . 美丽中国视域下以生态文明理念转变经济发展方式的路径思考 [J]. 北京市经济管理干部学院学报，2013（02）：3-8

1.1.2　祁连山北麓牧区居住建筑的发展转型

　　祁连山北麓作为我国西部内陆地区主要江河的水源地和水源涵养区,对中下游地区的生态环境、群众的生产生活具有重要的影响,而这些河流对荒漠地区的农业灌溉具有重要的作用。此外,祁连山北麓还是我国内陆地区重要的生态安全屏障,也是我国生态多样性保护的基因库和草原畜牧业重要的生产基地。然而由于受西部地区气候和自然环境条件变化及人类活动的影响,祁连山北麓牧区生态环境急剧恶化。针对该地区草原生态保护,在建设过程中要充分考虑到山地环境的特殊性和当地牧民多样性的生计需求,从根本上解决牧民的长远生计和面临的生态文化危机。因此,国家在这一地区实施牧民生态移民定居工程。祁连山北麓牧区所在的甘肃省肃南裕固族自治县当地政府积极实施游牧民定居工程,并将该县的游牧民定居工程纳入到《甘肃省祁连山北麓游牧民定居规划》中[①]。截止到 2016 年,全县农牧民定居率达到 70% 以上。肃南县 70% 以上的牧民实现了集中定居,先后建成牧民定居点 19 个,新建牧民住宅1900 套,对祁连山生态核心区的 4000 多户 1 万多名农牧民进行了易地搬迁和集中定居[②]。见图 1-1。

图 1-1　肃南县牧民生态移民定居工程介绍图

　　从祁连山北麓牧区发展状况来看,生态移民定居工程成为新居住建筑建设最直接的动因,也迎来了该地区居住建筑的发展转型。

　　生态移民定居前,牧民在原住地居住的房屋主要通过自发自建的方式完成,牧民住房的结构形式、建构方式及建筑样式等都处于整体水平落后状况。生态移民定居工

①　唐相龙, 黄婧. 肃南裕固族牧民定居点调查研究 [J]. 小城镇建设, 2015 (12): 43-47
②　梁生红. 高原牧民过上现代生活 [N]. 张掖日报

程很重要的一点就是要改善原有牧民的居住环境和居住条件，提高建筑等级和标准。原有牧民住房的建筑形式将在新居住建筑建设中被淘汰，新的、合理的、安全的建筑技术和科学的建筑样式将取而代之，伴随着新的技术与样式变革，必然导致牧民居住建筑的发展转型。居住建筑由牧民自建转变为政府统建，但缺少针对牧民移民定居后新居住建筑相对应的设计理论与技术研究，导致居住建筑发展转型后又产生了新的问题，急需开展新居住建筑设计方法的研究和探索。

随着生态移民定居工程的实施，对应的产业结构、生产生活方式都发生着重大变化，这些变化必然影响居住建筑功能的配置。受到移民定居后社会发展的影响，牧民定居后对居住建筑的功能、品质等方面的需求也相应提高。这些为移民定居建筑提出的功能要求而产生新的居住建筑形式，导致居住建筑模式发生重大变化。

祁连山北麓牧区的少数民族居住建筑的发展，既要面对新的功能需求，也要面对不同民族对自己民族、宗教以及文化传统的尊重，对民族建筑文化的延续，还要考虑各种现代技术的融入和传统技术的改造升级。这些使得新居住建筑的研究具有丰富的内涵和现实的需求。研究地区性现代居住建筑设计问题将是建筑师不可推卸的责任①。

1.1.3 祁连山北麓牧区牧民定居点居住建筑的问题与发展困境

通过牧区生态移民定居工程，广大牧民从传统牧民定居点移民搬迁到生态移民定居点，祁连山北麓牧区的人居环境得到了明显的改善和提高。但在实施生态移民定居工程过程中，由于工程设计任务重、时间紧，在缺乏本地区定居点居住建筑相关理论研究与技术支持的情况下，管理者和建设者采取了依照其他地区农牧住房或直接照搬城市住宅的建筑设计方法和技术，造成了定居工程中建筑选址和房屋空间布局不合理、房屋空置率高、室内物理环境舒适度低、建筑耗能高、失去了原有的地域文化传承等现象。主要存在以下几个问题。

（1）居住建筑空间功能不完善。现有牧民定居点居住建筑的空间功能不能满足新的生产生活方式及现代牧区社会发展的实际需要；缺少针对少数民族牧民特有的居住文化及生活习俗的空间形态。

（2）缺乏积极应对自然生态环境措施。当地自然环境特殊，生态地位重要，现有定居所出现的建构方式落后、室内物理环境舒适度低、耗能高、污染性能源使用控制不够、清洁资源使用方式单一等问题，都是缺少应对当地自然生态环境所需适宜性建筑技术的集中表现。

（3）传承地域建筑文化方式单一。现有定居建筑简单地通过对其外表采用传统民族符号和图案装饰来展现建筑民族文化的方式，不足以将本地区的地域建筑文化在新时代居住建筑中完整和有效的传承。而牧区地域建筑文化中所体现的草原文化，还包

---

① 王芳，陈敬，刘加平.多民族混居区的地域性建筑 [J].建筑学报，2011（11）：25-29

括建筑选址布局、空间形体、选材用能等并未在新居住建筑中得到全面的传承。

（4）缺少对牧区居住建筑内涵的深入理解。虽然现有牧民定居点居住建筑形式与牧区传统民居完全不同，但并不代表两者间彻底的割裂。当地牧区居住建筑的内涵是遗传基因，而现有定居点居住建筑并未将传统民居中所蕴含的内涵本质深入理解并贯彻执行，导致其变性的可能性逐渐增大。

因此，祁连山北麓牧区生态移民定居点建设和发展过程中，解决现有居住建筑中存在的问题时将遇到以下发展困境：

（1）在经济水平、技术条件和生态保护的多重约束下，牧民定居点居住建筑如何满足牧民现实的居住需求？

（2）在维护祁连山北麓牧区"人、草、畜"一体循环关系下，在保持共同内在基因上，牧民定居点居住建筑如何保持与传统居住建筑的一致性？

（3）原有定居点居住建筑的产生、演变的特征对生态移民定居点居住建筑是否继续延续并有何新变化？

（4）能否建立一套符合该地区定居点居住建筑的设计方法，使其有效地缓解牧民需求与建筑现状问题之间矛盾的同时，为生态移民定居工程建设提供专业技术理论指导和技术指引？

基于以上问题与困境，面对保护祁连山北麓牧区生态环境，维持牧区"人、草、畜"三者关系的稳定状态，以满足牧民定居后核心要求为基础，以居住建筑演变发展动因为线索，通过建立当地居住建筑原始模型，提出居住建筑设计策略，建立适合地区特色的居住建筑设计理论，建立"模式"理论是最为有效的解决途径。

1.2 研究对象的释义、界定及内涵

1.2.1 研究对象的释义

（1）祁连山北麓

祁连山位于青藏高原东北部，地处黄土高原向青藏高原的过渡地带，地跨青海、甘肃两省，是两省的界山，东西长约1000km，南北宽约300km。被誉为河西走廊的母亲山。祁连山是我国最重要的国家级自然保护区之一，是我国西部重要生态安全屏障。

祁连山北麓就是指祁连山北面的山脚区域，是黄河流域重要水源产流地，也是我国生物多样性保护优先区域。广义上祁连山北麓包括河西走廊在内的广大谷地和平原区域；狭义上仅指介于祁连山脉和河西走廊之间的地理区域（图1-2）。

祁连山北麓地区是我国重要的草原牧区之一，为典型的西部山地草原，草原主要处于肃南裕固族自治县境内，民乐县和山丹县也有少量分布。拥有草原面积近3000万亩。

图1-2　祁连山北麓范围示意图

该区域有裕固族、藏族、汉族、蒙古族等16个民族。气候大部属高寒山地半干旱气候，冬春季长而冷，夏秋季短而凉爽，气温的日较差和年较差大，昼夜温差大，日照充足。该区域地广人稀，经济落后，交通闭塞，主要以畜牧业生产为主，并以保持祁连山北麓生态环境为核心要务。

（2）西部山地草原牧区

山地草原：据《环境科学大辞典》，草原是指在中纬度地带大陆性半湿润和半干旱气候条件下，有多年生耐旱、耐低温的以禾草占优势的植物群落的总称[1]。我国草原分类有多种体系和分类标准。目前草原分类是草原自然特性和经济特性的综合表现，自然特性包括地貌、气候、土壤和植被等；经济特性是指草原的生产力、利用特点及草原牧草的饲用价值等[2]。根据这些原则把中国草原分为7大类型：疏林草原、草甸草原、干草原、荒漠草原、山地草原、山地草丛、高寒草原[3]。通常把在一定海拔高度的山谷和山坡上，由各种类型的多年生草本植物所组成的植被，称为山地草原[4]。

山地草原处于荒漠区的山地，植被具有混合的性质，兼有高山、森林及干草原各地带特有的植物，由于强烈干旱的影响，并混有荒漠植被的性质（图1-3）。植物种类丰富，植被类型多样。由于水热和土壤条件，在不远的距离，常可出现草原植被的多种类型。山地草原主要分布在荒漠地区的山地，如西北地区的新疆、甘肃境内的羊茅——针茅草原，有广阔的面积。分布高度随气候干燥程度以及山地的地理位置而不同。山地草原是重要的春秋季牧场，牧草质量良好，主要用作放牧场，适于放牧各种牲畜[5]。

---

① 斯庆图.西部牧区草原生态保护的法制问题研究[D]:西部民族大学，2008

② 张明华.中国的草原[M].北京：商务印书馆，1995：133

③ 自然资源学.百度文库[M]，2018

④ 同②

⑤ 贾慎修.中国草原类型分类的商讨[J].中国草原，1980（01）：1-13

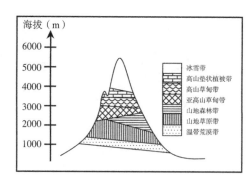

图1-3 山地草原位置示意图

牧区 [pastoral area]：放牧的地区；以畜牧为主的地区[1]。牧区是利用广大天然草原并主要采取放牧方式经营畜牧业的地区，是以广大天然草原为基地，主要采取放牧方式经营饲养草食性家畜为主的地区[2]。牧区是牧民赖以生存的家园，利用草原发展畜牧业成为牧民主要的生产活动方式，牧民的衣食住行无不与草原紧密相关，牧民的社会经济活动紧紧围绕草原展开。

山地草原牧区随山地海拔高度变化，由低处荒漠到高处高寒草原，形成不同的垂直牧场。按气候的寒暖、地形的坡向、牧草的情况，分成四季牧场，实行转季放牧[3]，轮流利用（见图1-4）。根据以上相关概念的定义、分类及特性，西部山地草原牧区，主要是位于我国西北地区的甘肃的祁连山北麓、新疆天山北麓及阿尔泰山西南麓（见图1-5）。处于西南地区的西藏及部分四川、云南牧区主要属于高寒草原地区。

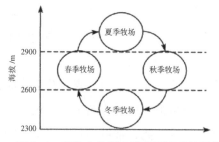

图1-4 祁连山北麓山地草原季节性牧场

图1-5 祁连山北麓山地草原牧场

1.2.2 研究对象的界定

（1）祁连山北麓牧区

本书所研究的祁连山北麓牧区主要是处于甘肃省境内的山地草原牧区，范围为祁

---

① 词语"牧区"的解释.汉典 zdic.net[M]，2018
② 李海亮.内蒙古牧区信息服务体系构建研究 [D]：东北师范大学，2014
③ 克那木格，汪玺，张德罡，师尚礼.蒙古族的草原游牧文化（Ⅲ）——蒙古族的畜牧生产技术及手工产品 [J].草原与草坪，2013（04）：92-96

连山北麓中东部的山地草原牧区，包括张掖市肃南裕固族自治县全域、民乐县南部、山丹马场等区域。

（2）牧民定居点

广义上"牧民定居点"是指牧民定居的地点，即牧民各种定居方式下聚居的地点，具有聚落特征，同时具有牧业属性。因此，牧民定居点内牧民是主体人群并从事畜牧业的生产生活活动，形成了区别于农业、渔业、林业等聚落特有的牧业聚落形态。

狭义上"牧民定居点"是指我国实施的牧民定居工程而形成的牧民集中定居的地点。牧民定居工程是由国家实施的，旨在通过建立固定居所、人工草场等设施以改变移动养畜游牧民的生产方式和生活方式的工程[①]。2012年国家发改委出台的《全国游牧民定居工程建设"十二五"规划》是我们牧民定居工程的指导性文件。

在本书中"牧民定居点"主要包括传统牧民定居点和生态移民定居点。

（3）居住建筑

在本书中，"居住建筑"指代的主要是在定居点内建造的相对于公共建筑而言以牧民居住为主要目的的建筑。居住建筑在本书中主要分为两种，一种为牧民在传统牧民定居点自建的固定的居住建筑；另一种是在生态移民定居点由政府政策和经费支持统建的居住建筑，是区别于传统民居的新居住建筑形式。

（4）居住建筑的使用对象

本书中定居点内居住建筑的使用对象主要是那些在祁连山北麓牧区草原居住生活，以从事畜牧业生产为主要谋生手段的牧民。

笔者对甘肃省的祁连山北麓山地草原牧区几个牧民定居点进行了为期7年的详细调研并在当地进行设计研究。明确研究对象为乡村居住建筑，包括传统牧民定居点内的传统民居及现代居住建筑和生态移民定居点内的当代居住建筑，那些以畜群为劳动对象、以从事畜牧业生产为主要谋生手段、居住在牧民定居点的牧业人口，解决居住问题的建筑形态。

当地牧民经历了传统定居点到生态移民定居点，生产方式也从原来单一的四季放牧转变为暖季放牧冷季牲畜舍饲，同时从事与畜牧相关的生产活动，如牲畜贸易、运输、饲草料生产、服务业等。虽然牧民的生活生产方式有所改变，但牧民本身的特点和属性没有改变，他们在对建筑空间的需求上要利于牧业生产和满足他们特有的生活习惯，在此基础之上同时考虑到社会发展带来的牧民对空间的新需求。而那些不再以畜牧相关产业作为主要谋生手段及居住在牧民定居点以外人群的居住建筑不在本书研究的范围。

---

① 民族团结一家亲——中盐新疆公司结对认亲第一阶段工作圆满结束 [J]. 中国盐业，2017（12）: 38-39

1.2.3 研究对象的内涵

（1）牧区的内涵

从牧区的定义中可以看到"放牧"是牧区的核心，"牧食（grazing）是草原生态系统中，从植物生产到动物生产的营养级转化的必要环节。人类利用这一规律为农牧业服务，构建了包含人居、家畜和草地三要素的放牧系统，称为放牧。"[1] 放牧的核心就是人居、草地和畜群三者的共生体——放牧系统单元[2]（见图1-6）。因此，牧区就是要维持放牧系统单元，"放牧系统单元所诠释的是人居—草地—家畜之间的稳定格局"[3]，只有这样才能保证牧区的自有属性，否则将不能称之为牧区。

图 1-6 放牧系统单元

维持放牧系统单元共生体的稳定就必须满足三者各自的特殊需要。任何生态系统的驱动力都是能量按照一定的"序"的运动模式[4]。而放牧系统单元作为生态系统的子系统，其能流模式就是它存在的前提，亦即满足三者共生能流的时空需求[5]，即"首先是放牧系统单元生存空间需求，即人居、草地和家畜系统运行空间的满足，它们彼此之间有足够的、连续运行的草地资源。例如足够的放牧地和饲料补充场地，亦即人居和家畜都需要的经济而有效的生存场所。其次必须包含营养源网络——有机及无机营养物质在时空演替中，保持营养流通路的高效而畅通。例如饲料和饮水等，应适应人居和划区轮牧的需求，而不是互相障隔不畅；牧草和补充饲料与家畜的时序耦合必须保持正常，而不是忽多忽少，时有时无。"[6] 基于以上论述，牧区形成了集草原、牲畜、人为一体的一套完整的循环系统单元（见图1-7）。而这个系统应处于有序循环、平衡稳

①② 任继周.放牧，草原生态系统存在的基本方式——兼论放牧的转型[J].自然资源学报，2012（08）：1259-1275

③ 任继周，侯扶江，胥刚.草原文化基因传承浅论[J].中国农史，2011（04）：15-19

④ 任继周.草地农业生态系统通论[M].合肥：安徽教育出版社，2004

⑤⑥ 同③

定的状态，形成牧区"人、草、畜"三位一体的相互制约关系。这种关系下"人、草、畜"相互之间达到和谐、共生、适应、协调和统一的状态，并决定和影响着牧区内各种活动。反之若不遵循这个状态的原则，则会造成"人、草、畜"关系的失衡，从而牧区将会逐渐走向消亡。

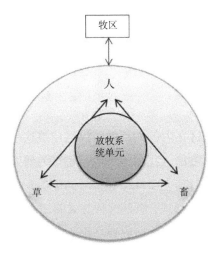

图1-7　牧区循环系统单元

（2）牧区居住建筑的内涵

按照前文中牧区内涵的分析，包括祁连山北麓山地草原牧区在内的所有牧区都是"人、草、畜"三位一体的完整的循环系统单元。从空间需求出发，"人"所对应的是居住建筑；"草"所对应的是草场和饲料场（房）；"畜"所对应的是草场和圈舍。同时还要符合三者之间时空联系上的通畅性，而形成牧区居住建筑关系单元（见图1-8）。因此，牧区居住建筑相关活动要遵循牧区单元的完整系统，还要符合居住建筑关系单元的基本要求。主要体现在以下几点：

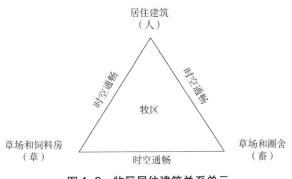

图1-8　牧区居住建筑关系单元

1）牧区居住建筑满足牧民（人）的生活需求，符合生活方式特点。

2）牧区居住建筑要有效利用自然资源（草），不能破坏自然环境（草）。

3）牧区居住建筑要有效应对牧区生产内容（畜）、生产方式（畜）的特点和规律。

4）牧区居住建筑要与草场（草）和圈舍（畜）位置保持合理的距离，保证联系的通畅。

1.3 国内外研究综述

1.3.1 国内研究综述

（1）理论研究

关于包括祁连山北麓牧区在内的西部地区民居建筑这一类问题，从民居建筑地域性的研究是当前主要的研究方法。我国传统地域建筑的研究通常直接选择各地方传统建筑中的符号化元素，采用对其表面特征和符号的模仿及复原的方式，将其应用在新建筑上，通过组合来创造新的形式；但是这种方式并不利于地域建筑沿着健康的、有生命力的方向发展。一种民居形态之所以存在根本是由其地域特征的本源与文化内涵所决定，源自于各地区的悠久文化和历史，植根于特有的自然环境，依赖于特定地区的材料和营建方式。采取选择地、批判地、审时度势地继承与发展，即是批判的地域主义所提倡的，具有永恒的生命力[①]。民居建筑地域性的研究内容可分为乡土建筑和生态建筑两个方面。虽然两种研究的侧重略有不同，但都是基于"传统民居"为研究原型，而民居原型中都蕴含着自古以来建筑对自然环境应对的智慧，在这过程中逐渐形成了自身的建筑文化，这些都是源于"天人合一"的朴实生态观和各地民居所蕴含的生态经验。针对我国西部地区具有的经济发展和生态环境最弱的特点，解决新建民居问题时应采用传统民居地域性的研究方法，将生态建筑作为研究的主要内容，有效并合理地将新技术、新材料应用到新民居中，形成具有生态特征的新地域建筑。

相关的研究主要有：《青海海北牧区牧民定居建筑地域适应性设计研究》[②]、《内蒙古草原生态聚居模式与生态民居体系研究》、《内蒙古草原牧民定居点住居空间规划设计研究》、《青海多民族地区传统民居更新适宜性设计模式研究》[③]、《川西部嘉绒藏族传统聚落与民居建筑研究》[④]、《现代乡村地域建筑设计模式研究》、《"绿色"的建筑》、《地域生态导向下的康巴藏区民居建筑适应性模式研究》、《新疆维吾尔族高台民居的原型、演变及其现代适应性模式研究》、《西部地区城市传统回族聚居区适宜性人居环境营建

① 成斌.四川羌族民居现代建筑模式研究 [D]: 西安建筑科技大学，2015

② 陈林波.青海海北牧区牧民定居建筑地域适应性设计研究 [D]: 西安建筑科技大学，2015

③ 崔文河.青海多民族地区乡土民居更新适宜性设计模式研究 [D]: 西安建筑科技大学，2015

④ 白涛.嘉绒藏族地区传统聚落形态的更新与发展研究 [D]: 西安建筑科技大学，2014

模式研究》《河西走廊乡村"适宜性"人居环境建设模式研究》《西部乡村新民居生态建筑模式研究》《地域资源约束下的西部干旱区村镇聚落营造模式研究》《西部地区传统生土民居建筑的再生与发展模式研究》《西部生态民居》《中国北方堡寨聚落研究及其保护利用策划》《新型城镇化下西部地区基层村绿色消解模式与对策研究》《生态安全战略下的青藏高原聚落重构与绿色社区营建研究》《传统民居生态建筑经验的科学化与技术化研究》《西部建筑环境与能耗控制理论研究》《绿色建筑体系与黄土高原基本聚居模式》《生态安全视野下的西部绿洲聚落营造体系研究》等。

从建筑学角度对西部乡村居住建筑问题的相关研究主要有：刘加平院士依据绿色建筑原理，对西部乡村民居的绿色再生与发展问题进行了研究，通过技术科学的研究方法，对传统建筑生态经验进行了科学化、技术化的研究，解决了民居发展的若干关键技术问题，通过陕西延安、云南、四川、青海等地示范项目创造出符合时代要求的现代生态民居建筑模式。王竹教授使用类型学原理，对黄土高原传统民居进行研究，提出了地方民居建筑形成的内在"地域基因"理论，认为建筑的形式与基因之间存在着稳定的构成规律。赵群博士利用原型理论，总结了我国传统民居建筑的生态设计经验，归纳出包括合院、窑居、高台在内的六种传统民居的主要建筑模式。王军教授从生态安全的角度对西部绿洲聚落进行了研究，提出村镇聚落营造体系的概念和方法[1]。周伟的博士论文《建筑空间解析及传统民居的再生研究》主要研究了民居建筑空间的形成因素及再生动因。谭良斌的博士论文《西部乡村生土民居再生设计研究》指出对乡村生土民居的研究应从其发展演变的内在本质和居民的基本居住需求出发，结合当地气候、地形、人文、经济和社会等条件，通过对生土民居功能空间的再设计和适宜技术的有机融合，正确引导广大乡村居民改善居住环境质量，保护自然生态[2]。张群教授的博士论文《西部荒漠化地区生态民居建筑模式研究》提出民居应该在居住要求、自然环境、经济发展水平、资源承载力等条件共同约束下，建立西部荒漠化"新民居"生态建筑模式，实现健康、舒适、高效的可持续发展战略[3]。

我国西部牧区生态移民和牧民定居工程政策实施，推动了我国建筑界、生态学界、社会学界等对牧民定居相关的研究工作。其中从建筑学角度对于牧民定居建筑的研究和实践活动相关研究有：刘铮教授主要对内蒙古草原牧业定居点建设领域，在保护草原生态环境的前提下，对定居点聚落生态规划与设计问题进行了探索。马明教授针对内蒙古草原牧民定居点居住空间规划设计进行了大量研究及实践活动，其博士论文《新时期内蒙古草原牧民居住空间环境建设模式研究》对定居点牧民居住建筑空间环境进行了相关分析及论证。陈林波的博士论文《青海海北牧区牧民定居建筑地域适应性设

① 柳晔. 基于 EETP 指标的民居围护结构热工性能研究 [D]. 西安建筑科技大学，2013
② 谭良斌. 西部乡村生土民居再生设计研究 [D]. 西安建筑科技大学，2007
③ 张群. 西部荒漠化地区生态民居建筑模式研究 [D]. 西安建筑科技大学，2011

计研究》以海北藏族自治州牧民定居建筑为研究对象,总结了牧民定居建筑发展的影响因素和地域性特征;在此基础上对海北地区藏族定居建筑的演变历程、建筑空间、形态、技术的演变等内容进行深入分析,提出了牧民定居建筑的演变规律,为牧民定居建筑设计提供理论依据[①]。王强、刘高鹏、高庆龙《新农村牧民定居点规划刍议》从建筑设计角度分析了牧民定居建设的现状,对牧民定居规划和住房建设提出灵活适应和可行的设计策略及技术措施[②];张妍硕士论文《四川藏区游牧民族居住形态研究》分析了自然因素和社会因素以及牧民生产生活方式形成的两大居住建筑形态,从选址、平面形态和立面形态方面分析了两种居住建筑形态的特点,按照现代建筑的理念总结了四川藏区游牧民族居住建筑形态规划的方法。

　　以草原生态学为基础进行的关于西部牧区生态移民定居点及其周边生态系统和草地系统的研究,主要研究文献有:《生态移民对牧民生产生活方式的影响——以内蒙古正蓝旗敖力克嘎查为例》(包智明)[③]、《关于内蒙古牧区生态移民政策的探讨——以锡林郭勒盟苏尼特右旗生态移民为例》(葛根高娃)[④]、《草原生态环境保护与牧民生存方式的转变——苏尼特右旗实施"围封转移"战略调查研究》(张立中)、《甘肃牧区牧民定居与草原生态环境保护》(贺卫光)。而从牧民定居点引发的对文化、经济、社会、政策等问题开展的研究,主要有:《高寒牧区生态移民、牧民定居的调查与思考——以甘南牧区为例》(赵雪雁),通过对高寒牧区生态移民与牧民定居的实地调查,提出了甘南牧区多元化的牧民定居模式;《藏族游牧民定居与新牧区建设——甘南藏族自治州调查报告》(高永久,邓艾),通过调查研究甘南藏族自治州牧民定居点和新牧区建设情况,得出国家政策符合大部分民意,但同时指出经济因素、文化因素和心理因素影响着藏族游牧民的定居决策,探讨了藏区牧区牧民定居的特点、困难和途径;《青海藏族阿柔部落社会历史文化研究》(王云),对青海传统游牧部落阿柔部落的历史、宗教、社会和文化进行了综合分析和研究,并对传统草原部落游牧模式向现代乡村聚落模式转型中存在的问题进行了研究;此外还有《新疆游牧民定居于牧区生产生活方式的改变》(王宁)、《三江源地区牧民定居点生活供暖模式》(朱华)、《牧民定居存在的问题对策》(李静)、《肃南裕固族牧民定居点调查研究》(唐相龙)、《肃南裕固族地区牧民定居点空间优化研究》(黄婧)、《北疆哈萨克族牧民定居问题调查研究》(玛依拉—居马)、《从游牧到定居——北疆牧区社会生产生活方式的变革》(李晓霞)、《改革开放以来新疆游牧民族定居问题研究》(郭文慧)、《现代化视阈下新疆哈萨克族定居及文化调适研究》(张贵华)、《新疆和布克塞尔蒙古自治县牧民定居实践的调研与思考》(李艳、袁为民)等研究文献。以上主要是与西部草原牧区牧民定居相关的生态学、经济学、社会学等方面的研究成果。

①②　陈林波.青海海北牧区牧民定居建筑地域适应性设计研究[D]:西安建筑科技大学,2015
③④⑤　宋利伟.生态环境恢复下草原新村营建模式初探[D]:西安建筑科技大学,2011

（2）实践验证

我国西部地区生态民居建筑实践中，与牧民定居建筑相关的实践项目是青海省海北藏族自治州刚察县牧民定居点示范工程项目。通过运用等热流太阳能建筑热工设计原理和方法，针对青海自然条件和藏民族生活方式，研究创作出十多种适合于藏族牧民定居生活的组合式太阳能采暖建筑方案，已在青海省刚察县建成 100 户，面积 1 万平方米，并逐步得到较大的推广[①]。

其他西部地区生态民居实践项目还包括：陕北黄土高原新型窑洞建筑民居项目；云南永仁彝族绿色农村生土民居示范工程；宁夏回族自治区银川平原碱富桥村生态民居示范工程；四川省大坪村灾后重建民居工程项目；云南省景洪市曼景法村新民居工程项目（表 1-1）。这些实践项目对祁连山北麓牧区牧民定居点居住建筑研究及设计具有重要的借鉴作用。

国内西部地区生态民居实践 表 1-1

地区及项目名称 / 设计或研究团队	实景图片	创作方法
陕北黄土高原新型窑洞建筑民居项目 / 西安建筑科技大学 刘加平		通过对传统窑洞生态建筑经验的科学研究，以现代绿色建筑的基本原则和居住区的可持续发展为指导，建立以黄土高原地区社会、经济、文化发展水平和自然环境为基础，继承传统民居生态建筑经验的新型绿色住宅
云南永仁彝族绿色农村生土民居示范工程 / 西安建筑科技大学、昆明有色冶金设计研究院 刘加平		通过对长江上游绿色民居生态建筑模式综合进行研究，继承了当地彝族传统民居的优点和习俗，并采用适当的绿色建筑技术
宁夏回族自治区银川平原碱富桥村生态民居示范工程 / 西安建筑科技大学 刘加平		在传统民居的基础上，采用草砖墙体保温、被动式太阳能、自然通风等适宜的生态技术，研究了西部沙漠地区农村生态小康住宅模式，银川市郊已建成 3 万平方米
青海省海北藏族自治州刚察县牧民定居点示范工程项目 / 西安建筑科技大学 刘加平		通过利用等热流太阳能建筑热工设计原理和方法，根据青海的自然条件和藏民生活方式，研究出十几种适合藏族牧民定居生活组合方式的太阳能供暖建筑方案。在青海省刚察县已建成 100 户，面积 1 万平方米

---

① 高源.西部湿热湿冷地区山地农村民居适宜性生态建筑模式研究 [D]: 西安建筑科技大学，2014

地区及项目名称/设计或研究团队	实景图片	创作方法
四川省大坪村灾后重建民居工程/西安建筑科技大学　刘加平		克服原有住宅的缺陷，新住宅重点关注建筑安全和尊重当地生活方式，采用当地材料，采用传统结构，改善室内热环境，利用自然通风和照明，探索可再生能源利用。在降低建造与运行成本的同时，做到对自然环境的保护与民居的持久发展
云南省景洪市曼景法村新民居工程项目		新的民居保持了傣族传统民居干栏式的外形和屋顶小瓦的建筑风格和特色。除了保持传统生活习俗的布局外，还将房屋的层高提高到3米，分隔卧室，增加厨房和浴室，增加窗户的尺寸和数量，营造出一个现代化的室内生活环境

1.3.2　国外研究综述

（1）理论研究

国外的相关研究中，关于居住模式的研究比较多，其中多为关于新移民和土著居民居住模式的研究。其中更多的是基于城市环境下进行的研究与探讨，更多关注经济、文化等社会方面的内容，与本书相关的研究主要是人居环境和地域生态建筑理论研究。

人居环境理论：1963年希腊学者道萨迪亚斯创立了人类聚居学。道氏强调"把包括乡村、城镇、城市在内的所有人类住区作为一个整体，从住区元素（自然、人、社会、房屋、网络）进行广义的系统研究"。

人类聚居学的研究内容主要有三个方面：

1）对人类聚居进行描述性的剖析：分析聚居的基本特点、聚居之间的相互关系、聚居的演化过程、聚居中各种问题产生的原因。

2）对人类聚居基本规律的研究：研究人类在生活居住方面的需要、聚居的成因、聚居的结构、形式和密度，以及对未来城市的影响和预测。

3）研究制定人类聚居建设的计划、方针、政策和工作步骤。

道氏的著作有《演变中的建筑》《生态学与人类聚居学》《为人类聚居而行动》等，都是人类聚居学的重要理论书籍。

地域生态建筑理论：在国外理论界对于地域性建筑的研究，可以上溯到20世纪50年代中期，截止到21世纪初已形成多项研究理论和成果（表1-2）。经过多年在发达国家的研究和改进，生态绿色建筑理论逐渐形成了一系列的设计方法和评估方法，并已发展到更深层次的应用。以"建筑节能与环境共存设计"、"环境共生住宅"等概念为代表的日本绿色建筑，提出环境共生的目的是有效利用自然能源，并最大限度地利用室外环境。

国外地域生态建筑理论　　　　　　　　　　　　　　　　　　　　表 1-2

时间（年）	人物及媒介	观点及共识
1954	西格弗里德·吉提翁（Sigfried Giedion），文章《新地域主义》（New Regionalism）	倡导结合宇宙和大地情境的地域主义倾向，提出当代艺术性的创造活动都与其发生的地域有着某种联系，强调新地域主义在不发达国家更为重要[①]
1959	R·厄斯金（Ralph Erikine），奥特庐会议	提出地域主义着重于气候地理等自然因素，地域主义的方向不再为民族主义所左右，而是融入了现代建筑的发展中[②]
1963	Victor Olay，《设计结合气候：建筑地方主义的生物气候研究》（Design with Climate: Bioclimatic Approach to Architectural Regionalism）	提出了"生物气候地方主义"的设计理论，关注气候地域环境和人类之间的关系[③]
1969	麦克哈格（Ian L.McHarg），《设计结合自然》	阐述了人与自然之间的相互依存关系，放弃了以人为本的思想，提出了人、建筑、自然、社会协调发展的适应自然的原则
1973	E.F.舒马赫，《小的是美好的》	《小的是美好的》一书提出以小巧工作单元和区域工作场所为基础，重点发展农村，倡导中间技术，充分利用当地人力和资源。利用当地的自然资源和适当的技术来满足当地的需求是最合理的经济手段
1983	肯尼思·弗兰姆普顿（Kenneth Framptom）著作《现代建筑：一部批判的历史》（Modern Architecture: a Critical History）	他认为"批判的地域主义"不是一种风格，而是具有某些共同点的批判性态度，是任何一种人道主义建筑学通向未来所必须跨过的桥梁[④]
1991	布兰达.威尔和罗伯特.威尔（Brenda and Robert Vale），《绿色建筑学：为可持续发展而设计》	提出了绿色建筑设计的六项原则：节约能源、设计结合气候、能源和材料循环使用、尊重用户、尊重基地环境、整体的设计观[⑤]
1992	巴西里约热内卢"联合国环境与发展大会"	"可持续发展"的概念已在全球范围推广，节能与绿色建筑已逐渐成为一个系统
1993	《可持续发展设计指导原则》	尊重基本的生态系统和文化背景下，需要使用简单，适用技术，通过对当地的气候被动能源战略的功能组合的设计原则，以及使用可再生的建筑材料及可更新的地方建材等生态建筑设计原则
1993	国际建协通过了《芝加哥宣言》	提出了保持和恢复生物多样性，尽量减少资源消耗，减少大气、土壤和水污染，使建筑物安全舒适，提高环境保护意识的五项原则
1996	伊斯坦布尔召开联合国人居环境与建筑学大会	参与国签署了《人居环境议程：目标与原则，承诺和全球行动计划》的纲领性文件，以指导所有国家人类住区的发展
2001	纽约召开的人居特别联大会议	通过了《新千年人居宣言》

① S·Giedion. Regional Approach that Satisfies both Cosmic and Terrestrial Conditions, the New Regionalism[J]. Architecture Recoed，Reprinted in Architecture，you and me，1954：143-152
② Klotz H. The history of postmodern architecture[J]. Donnell T B R，1988：100-102
③ 左力.适应气候的建筑设计策略及方法研究 [D]: 重庆大学，2003
④ Frampton K. Prospects for a Critical Regionalism[J]. PERSPECTA-THE YALE ARCHITECTURAL，1983，20（3）
⑤ 刘启波.绿色住区综合评价的研究 [D]: 西安建筑科技大学，2005

（2）实践验证

埃及建筑师法赛运用本土最廉价的材料和最简便的技术进行了大量的住宅实践研究[1]。印度建筑师柯里亚长期致力于探索如何通过使用现代材料和技术，在建筑既满足现实功能的基础上又可以充分体现民族的地域性，在结合地方传统建造乡村住宅、低造价住宅方面都有着丰硕的研究成果。芬兰建筑师阿尔瓦·阿尔托的作品，常采用木质的建筑材料、斜开的高采光窗、柔美的建筑平面而被誉为人情化建筑。马来西亚的杨经文从本地资源、气候和生活方式出发，通过独特的形体和布局创作了具有鲜明地域特色的现代建筑、生态建筑。表 1-3 为国外地域性建筑实践实例。

国外地域性建筑实践 　　　　　　　　　　　　　　　　　　表 1-3

地区及项目名称 / 设计或研究团队	实景图片	创作方法
非洲　埃及 新巴里斯村居住建筑 / 哈桑·法赛 （Hassan Fathy）		采用地方的建筑材料、施工方法和建筑形式，将当地土坯技术与伊斯兰建筑的典型特征融为一体，发展本土语汇，同时重视建造技术对当地气候的适应性，通过在通风、气流、冷却、水和阴影的利用方面体现建筑对环境的适应性[2]
南亚　印度 贝拉布斯移民住宅社区 / 查尔斯·柯里亚（Charles Correa）		以低层的建筑形式实现高密度的要求；每个住户都有自己的露天庭院，既可以满足室外活动的要求，又可以根据将来的需求进行加建；最后一点是在满足不同阶层住户需求的同时，提供给他们的基地面积相差不会过半[3]
北欧　芬兰 阿尔托夏季别墅 / 阿尔瓦·阿尔托（Alva Aalto）		别墅结合地形，充分利用自然环境并融入其中，表现出设计师崇尚自然的精神和超前的"生态"意识。采用 L 形塑造出一个方形庭院，既便于生活起居，又有利于与自然环境接触
东南亚　马来西亚 ROOF-ROOF HOUSE/ 杨经文（Ken Yeung）		利用屋顶将建筑物的围墙遮蔽为利用气候优势和克服气候劣势的"环境过滤器"。利用泳池和穿堂风给室内引入冷风，创造出建筑内外的双气候，成为适应外部气候的被动式低能耗建筑

① 徐健生 . 基于关中传统民居特质的地域性建筑创作模式研究 [D]: 西安建筑科技大学，2013
② 王峰 . 地域性建筑研究 [D]: 天津大学，2010
③ 张玲慧 . 传统村镇中的建筑更新设计研究 [D]: 北京交通大学，2013

国内理论及实践对我国西部地区包括草原牧区定居建筑在内的生态民居建筑模式进行了深入研究，但对于生态战略地位高、自然环境综合性强的祁连山北麓牧区的牧民定居点内居住建筑的建筑模式和生态策略，尚未进行深入探讨。虽然国外有一些生态建筑模式研究及实践，对我国地域性生态建筑的研究具有一定的启发作用，但对于祁连山北麓牧区山地牧村，因气候、地理、风俗习惯、民族文化的差异，完全借用并不合适。只有道氏的"人类聚居学"对本书的研究具有重要的指导意义。

通过对国内外文献综述可以发现：

1）针对西部地区人居环境研究和乡村生态民居研究有很多的理论和实践，其中也有不少关于牧民定居建筑的理论和实践成果，然而对祁连山北麓牧区人居环境和定居点居住建筑还缺少系统全面的研究；

2）对于祁连山北麓牧区民居的研究资料记载，仅限于居住建筑单体的分析和研究，缺少从定居点整体出发对定居建筑的研究；

3）现有的西部牧区牧民定居点研究和分析大多基于建筑学和城乡规划学科，而缺少与生态学科相结合的综合性研究；

4）祁连山北麓牧区牧民生态定居后，由于生产生活方式发生转变，结合草原生态环境保护基本原则，针对生态牧民定居点新居住建筑的地域性分析、研究和评价还存在不足。

1.4 研究目的与意义

1.4.1 研究的目的

本书以祁连山北麓牧区牧民定居点居住建筑作为研究对象，研究该地区牧民定居点内居住建筑的建筑模式，以生态环境保护及可持续性人居环境设计为基本原则，探索牧民居住建筑的内涵及特征以及生态移民定居工程实施后新农村建设和新型城镇化对居住建筑的影响，力求实现以相对较低的资源和环境成本，建筑既具有地域特色又具有高质量的居住建筑。笔者希望在研究中达到如下几个目的：

（1）分析总结决定祁连山北麓牧区牧民定居点及定居建筑的演变发展的核心因素，并找到在尊重和保护草原环境下定居建筑的建造策略。

通过系统调研祁连山北麓牧区的地域环境、聚落特征、定居点居住建筑的演变和现状，研究当地定居点居住建筑的地域特征和影响因素及存在的核心问题。对牧民定居建筑需要从保护草原环境出发，聚焦人与环境、建筑与环境、聚集方式、外部空间等方面，整理和总结出决定当地定居点居住建筑发展的科学方法及其内在的规律。

（2）建立祁连山北麓牧区牧民定居点居住建筑模式。

通过调查研究，在掌握该区域外部自然、生态和社会环境影响因素及牧民的生产生活模式的基础上，对祁连山北麓牧区牧民定居点居住建筑的建筑选址、空间布局、建构方式、能源利用及地域文化等几方面进行分析。在遵循牧区居住建筑内涵的基础上，提出能够体现既有地域特征又符合时代要求的祁连山北麓山地草原牧区定居点居住建筑模式。

（3）充实和完善祁连山北麓山地草原牧区牧民定居点居住建筑设计理论，为该地区生态移民工程建设提供引导及借鉴。

祁连山北麓山地草原牧区牧民定居点居住建筑模式研究，有助于完善居住建筑设计理论，对该区域及我国重点生态保护区移民定居工程中新建居住建筑有很强的指导借鉴作用，对丰富和完善西部地区乡村居住建筑理论与实践研究起着积极的作用。

1.4.2　研究的意义

（1）理论意义

研究填补了祁连山北麓山地草原牧区移民定居点居住建筑研究的空白，对地域性居住建筑及人居环境科学研究具有重要的补充和完善意义。对于管理者、设计者及建设者，它可以更好地指导祁连山北麓山地草原牧区移民定居点的建设，提高牧民的居住质量、改善环境、促进生产，对于完善牧区居住建筑设计理论具有一定意义。研究为我国西部山地草原牧区可持续发展的人居环境建设提供参照依据与可操作实施的模式样板，为西部草原牧区新农村建设和新型城镇化建设背景下的牧民定居点建设提供理论基础。同时对这些区域生态环境保护提供建筑层面的策略和方法。

（2）实践意义

研究对祁连山北麓牧区的现代居住建筑设计提供技术支持，可提升该地区现代居住建筑的品质，推动西部牧区居住建筑发展，在技术领域具有重要工程应用价值和现实指导意义。研究结果可为当地牧民定居工程项目的设计工作提供借鉴指导，使生态移民定居点建设过程中避免住房建设的随意性，更可以对我国其他地区生态移民工程项目起到积极的示范作用。

1.5　研究内容与方法

1.5.1　研究内容

建立正确的祁连山北麓牧区牧民定居点居住建筑模式是本研究的关键和重点，因此本书的研究内容主要包括以下四点。

（1）牧民定居点居住建筑空间模式

建筑空间是居住建筑研究的核心问题之一。中国传统民居的建筑空间既具有模式化和类型化的特征，又具有明显的轴线和序列关系。祁连山北麓牧区的传统民居在游牧方式下形成了可移动的、一体化的单空间形式，形成有轴线无序列的特征，呈现出中心化的空间形态。伴随着牧民定居生产生活方式的转变，传统的居住建筑的空间形态和关系已经不能满足和符合新的居住需求。当前可通过引入汉式民居中的"间"，建立居住建筑空间的开间和进深的概念，形成具有规律性的间组合的建筑空间。因而只有把握住这一空间特点和组合方式，才可以在新居住建筑的研究中探讨具有祁连山北麓牧区地域特征的基本空间模式。

（2）牧民居住建筑的生态属性

祁连山北麓牧区传统居住建筑是适应地域环境的产物，具有明显的生态属性。研究从传统民居的生态经验中汲取营养，将其选址、用材、营建中所蕴含的生态智慧及方法与建筑用地、现代技术及材料有机地结合起来并加以利用，通过采用适宜性、低技术的策略，实现提高定居点居住建筑环境质量、降低能耗、节约资源的目标，也是本研究的关键内容。从系统论的观点出发，牧民定居点居住建筑自身形成节能降耗的生态系统后，对祁连山北麓草原脆弱的生态环境也是一种有效的保护。

（3）祁连山北麓牧区居住建筑地域文化

祁连山北麓牧区拥有独特的草原文化和宗教文化，给当地居住建筑打上了深深的地域建筑文化印记。研究和创造牧民定居点新居住建筑重要的一点就是挖掘和弘扬本地区地域文化的内涵。保持地区建筑的特色，就要使建筑保持地域文化特色并将地域文化进行传承。新定居建筑重要的内容就是继承传统居住建筑的地域文化特征与特色。现代牧民定居建筑同时具有地域性特征和时代性要求。因此其在适应现代居住生活和符合时代发展要求的同时，还应通过应用先进的现代建筑和生态技术，创造新的建筑空间与场所活化传统，形成地区建筑的文化特色。

（4）牧民居住建筑的内涵

研究和找到牧民居住建筑的内涵是解决定居点居住建筑问题的关键。通常对牧区定居建筑的研究侧重于形式和文化，而忽视其内涵属性。通过探索和分析祁连山北麓牧区居住建筑的内涵，找到其所蕴含的内在关系和规律是影响定居点新居住建筑形式和发展的关键，保证对建筑模式的研究不背离牧区本质方向，成为本研究的重点内容。

1.5.2 研究方法

（1）实地调查和文献研究

实地调研地点覆盖了该区域的多处山地草原牧村聚落及生态移民定居点。这些草原山地聚落主要分布在河谷低山区域，山地特征较为明显，传统定居点对外交通联系不便，发展相对落后，生态移民定居点交通及环境条件较好，发展相对良好，各个时期的定居民居和新居住建筑类型完整。在实地调查测试的基础上，借助仪器重点对甘肃省肃南裕固族自治县大河乡、康乐乡、白银乡、祁丰乡等牧民定居点进行了现场测试、调查问卷、勘测与测量并进行行为观察、数据统计和分析，收集到较多数据和资料。针对现实发现问题，分析指出问题根源所在。运用逻辑归纳与演绎的方法，对已有相关研究资料、数据、图纸进行分析整理和整编，以便更为全面地认知现有祁连山北麓牧区牧民定居点居住建筑现状及存在的问题。通过书籍、文章、互联网大量收集相关的国内外资料，并对其进行归纳整理也是研究的重要内容。

（2）多学科交叉研究

采用建筑学、城乡规划学、社会学、地理学、民族学、生态学、草业学、系统论、整体论、层级理论、结构空间学、建筑类型学等多学科交叉融合的研究方法，探讨牧区定居点居住建筑演变与发展的主要动因。运用马斯洛需求层级分析，从建筑、生态、历史、人文、社会、经济与技术的复合研究方法揭示祁连山北麓牧区牧民定居点居住建筑发展方向。通过理论分析指出各类约束条件的相互关系，发现牧民定居点居住建筑的特性。针对保护生态环境、适应定居点牧民生产生活方式、现代居住需求、地域文化保护的要求，选择现代建筑结构体系与传统生态材料的结合应用等适宜性技术策略，融合绿色建筑设计原理等新技术手段。

（3）建筑类型学研究

从类型学原理出发，通过对比研究，明确牧民定居点居住建筑设计的根本问题和设计序列排布原则。采用类型学方法对祁连山北麓牧区定居点聚落空间和居住建筑空间进行分类、归纳、整理。通过对本地区牧民居住空间形成及发展历史、演变过程、文化内涵和表现形式的研究，寻找草原居住空间演变及发展的轨迹。结合山地草原聚落营建特点，经过对比、总结和分析，以构建祁连山北麓牧区牧民定居点居住建筑适宜的建筑模式语言，探索符合本地区特征的牧民定居点居住空间模式[1]。从传统牧民居住建筑和现代居住建筑中提炼、寻找出祁连山北麓牧区定居点居住建筑的原型及语言。研究相关设计理论与建筑创作，确立现代西部山地草原牧民定居点居住建筑模式，这种模式的确定是基于该地区地域环境特点及牧民定居点的生产生活方式，符合继承牧民居住本源及适应现代居住要求，显现现代技术和文明。

（4）环境测试与模拟

田野调查中，笔者借助环境测试的相关仪器，获得了祁连山北麓牧区定居点几种类型的居住建筑基础数据，内容包括建筑空间布局、构造材料、建筑朝向、采暖措施等。分析出地域性气候、地形、生态、文化、技术对当地建筑的影响，找寻出当地建筑室内热环境存在的主要问题和影响制约因素。利用现代建筑节能理论及建筑能耗模拟软件分析，从建筑运行的整个过程来动态地定量地判断模式方案的可行性及不足之处。

---

① 宋利伟. 生态环境恢复下草原新村营建模式初探 [D]: 西安建筑科技大学，2011

（5）实践对比验证法

建立祁连山北麓牧区牧民定居点居住建筑模式体系，将研究的成果运用到实践中。通过计算机模拟分析和对比的结果，检验研究成果的正确性及合理性。并将验证中出现的问题进行反馈，修正模式理论研究成果中的偏差，以进一步完善绿色居住建筑模式体系。

1.6　研究框架

本研究主要结构框架见图1-9。

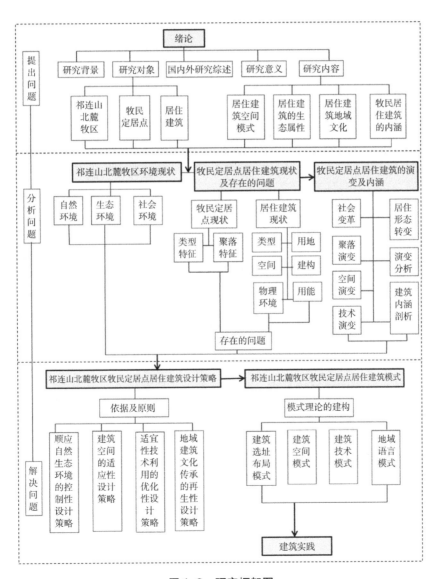

图1-9　研究框架图

祁连山北麓牧区环境状况

2.1 自然环境

2.1.1 气候

祁连山北麓牧区长期受大陆性荒漠气候和高寒气候的双重影响，气候上不仅具有大陆性气候特征，昼夜温差大，四季分明，而且又具有水热垂直分带变化明显的高海拔山区气候特征[①]，"一山有四季，十里不同天"。一般情况下气候条件山区和平原区相差较大。冬冷夏凉，热量少，无霜期短，太阳能资源丰富；夏季多雨，冬季少雪，春季降水量变化率大，呈现出复杂多变的气候特征。

（1）寒冷低温，日较差大，无霜期短

该地大部分地区属于严寒寒冷地区，全年平均气温在 4℃ 以下，最冷（1月）、最热（7月）平均气温分别是 -10.4 ~ -11.3℃ 和 15.9 ~ 23.5℃；气温变化剧烈，年较差和日温差大。无霜期较短，年均低于 120 天以下。

（2）降水时空分布不均

该地区年降水量大部分在 400mm 以下，但是高海拔地区雨量超过 400mm。雨量和热量成反比，高海拔地区雨量多，但热量不足，低海拔地区热量高，但雨量不足。降水时间集中在夏季和冬季，其中夏季占年降水量的 70% 以上，冬季主要是降雪，但总量略小。夏季的暴雨和阵雨，冬季的暴风雪，比较集中在相对短暂的时间内，而且由山上到山下呈现逐步减少的特点，而山下多是荒漠和半荒漠地区，缺水严重。降水量月、季、年度变化率大。

（3）太阳热辐射强度大

祁连山北麓牧区太阳辐射通量年平均为 5200 ~ 5600MJ/m²，高于全国平均水平，

---

① 贺卫光,张鹏.社会学视野下的裕固族祭鄂博仪式及其功能研究 [J].西部民族大学学报(哲学社会科学版),2014(05):175-180

是我国太阳能资源丰富的区域。年日照时数在 3000 ~ 3100 小时之间。

2.1.2 地形地貌

祁连山北麓地形破碎，坡度较大，地质条件较差。该地区地形起伏剧烈，一般海拔为 2000 ~ 4000m 之间，许多高峰超过 5000m。在海拔 4700m 以上的山地，终年积雪，有冰川分布。整个山区由上部的高海拔高寒山区到中部的中山区、低山区的山谷山坡，直到山下的荒漠区，形成一套完整的垂直地形地貌（图 2-1）。

地貌过程从山顶到山麓，依次为[①]：①常年积雪和现代冰川作用带。②霜冻作用带。③流水侵蚀、堆积带。④干旱剥蚀低山带。因地形起伏的海拔变化，引起了水热因子在垂直方向上的有序变化，体现了典型的垂直地带性分异特征。

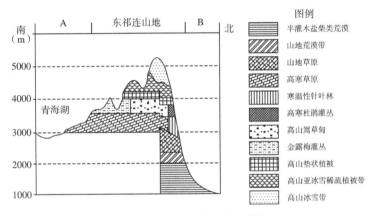

图 2-1 祁连山北麓垂直自然带

2.1.3 水文

祁连山北麓牧区是河西走廊地区主要河流水源地。水资源相对丰富，但分布不均衡，山地坡度和季节性降水导致山洪暴发。该地区形成 3 个内陆河流域，黑河、疏勒河、石羊河，年径流量约 43 亿 m^3，水能蕴藏量 204 万 kW。

2.1.4 土壤与植被

祁连山北麓土壤垂直带谱明显，沿海拔梯度依次为灰钙土、淡栗钙土、栗钙土、暗栗钙土、山地黑钙土、灰褐土、沼泽土、亚高山草甸土、高山草甸土、高山荒漠土。植被系统由上至下依次为森林、草原和农田，其中草原占 80% 以上。草原植被表现出明显的垂直带谱：海拔 4000 ~ 4300m 为高山垫状植被带，海拔 3800 ~ 4000m 为高山草甸植被带，海拔 3200 ~ 3800m 为高山灌丛草甸带，海拔 2800 ~ 3200m 为山地森林

---

① 天山山脉——中国科学院地理科学与资源研究所 [M]，2018

草原带，海拔 2300 ~ 2800m 为山地草原植被带，海拔 2000 ~ 2300m 为草原化荒漠带，海拔 4300m 以上为冰川 [1]。

2.2 生态环境

2.2.1 生态环境现状

祁连山北麓牧区具有重要的生态地位，具体表现在以下几点：

（1）我国西部内陆河水源涵养地。

（2）内陆地区重要的生态安全屏障。

（3）生物多样性保护的基因库。

但随着全球气候变暖和人类活动的加剧，祁连山北麓牧区出现了严重的雪线上移和冰川退缩的暖干化气候。导致水源涵养功能减弱，水资源总量逐年减少，湖泊和湿地面积萎缩，土地退化和沙漠化面积日益扩大，绿洲生态系统不断退化等，对我国西部生态构成严重威胁 [2]。

祁连山北麓牧区生态环境特点及状况，具体表现为：

（1）脆弱性及敏感性强

祁连山北麓自然地理特点决定了其属于生态过渡带和生态脆弱带 [3]。祁连山北麓山地草原竖向高差大，山顶海拔高气候严寒，山上与山下差异巨大，草地生态系统十分脆弱，对外界影响因素非常敏感。一旦有人为的扰动就会打破平衡生态系统的稳定性，造成生态环境破坏、生态系统失衡、草地退化加快 [4]。

（2）草场"三化"严重，自然灾害频发

祁连山北麓山地草原"三化"（退化、沙化、盐碱化）的态势仍非常严峻。草原面积逐渐缩减，草地退化、盐碱化加剧，草原生产力下降，目前 90% 的草原不同程度地退化。因其处在干旱、半干旱地区，特殊的地形、地貌和气候是造成大面积沙化的重要原因。气候干旱少雨，土壤贫瘠，沙层疏松深厚，地表裸露，植被稀疏，春季干旱与大风同期出现，具备了沙化的自然条件 [5]。

祁连山北麓山地草原下面的荒漠区的荒漠向山地草原带推进速度逐年加快。草原

[1] 汪有奎，贾文雄，刘潮海，陈文，赵成章，王启尤，汪杰．祁连山北坡的生态环境变化 [J]．林业科学，2012（04）：21-26
[2] 严琼．青海祁连山地区生态文明建设研究 [J]．攀登，2015（01）：81-86
[3] 张勃，张华，张凯，张明军，林清，鲁安新，郭正刚．黑河中游绿洲及绿洲—荒漠生态脆弱带土壤含水量空间分异研究 [J]．地理研究，2007（02）：321-327
[4] 张文秀，郑华伟，司秀林．西部少数民族牧区生产问题及对策分析——基于川甘青三省六县的牧区调查 [J]．西南民族大学学报（人文社科版），2009（10）：50-54
[5] 张勃，郝建秀，张凯．祁连山区山地草原荒漠化的原因诊断与治理对策 [J]．中国人口．资源与环境，2004（06）：112-116

中各草原类型都发生了一定的荒漠化，且除疏林草原外，荒漠化程度都超过了50%[1]。有些退化严重的地区，草原已经变成寸草不生的裸地、沙地，草原的生态功能和生产性能近乎丧失[2]。最终导致洪水、冰雹、泥石流、虫鼠害、沙尘暴等自然灾害频繁发生[3]。

（3）可利用水资源较少

祁连山北麓山地草原是我国西部内陆河流的水源地，水资源丰富。但因地形地貌的特点，存在资源性缺水且时空分布不均的现象。再加上不合理的利用，草原生态环境的恶化，植被的破坏，使草原涵养水源的能力下降，导致河流径流量减少、小溪断流、湖泊干涸、水位下降、水土流失加剧[4][5]。

（4）生物多样性减少

祁连山北麓山地草原是生物资源最丰富的区域，不但具有草原资源同时还有森林、灌木等植物资源，同时栖息在草原上的动物种类众多，这类地区多是我国重要的自然保护区。但近年来该地区山地草原草种趋于单一化，毒杂草增加，优质牧草减少，草种、草群结构发生剧变，稳定性降低，生物多样性减少程度大于其他任何自然生态系统[6]。

2.2.2 生态环境恶化成因分析

祁连山北麓牧区生态环境是一个结构复杂、功能多样、不断演化的系统，虽然恶化趋势得到一定遏制，但是总体情况依然严峻。造成该地区生态恶化的原因主要是环境因素和人为因素双重作用的影响[7]。

（1）自然因素加剧生态环境变化。突出表现为全球气候变暖导致的干旱化加剧，由此导致干旱频率上升，加速了区域内冰川、雪山的消融速度，植被生态由中生、湿生向旱生和中生型甚至向荒漠生态型演替[8]。

（2）随着人口的增长，祁连山北麓牧区人均草地减少，草畜矛盾问题突出。牧民为了获得更大利益，不断增加畜群数量，过度放牧使草场植被几乎消失殆尽，为鼠类的侵入创造了理论条件。

（3）当地大规模开矿、水电资源开发致使生态系统遭到严重破坏。长期过度的矿产及水电开发，造成草原植被剥离、地表破碎裸露以及水文条件失衡，不仅引起草原山区坍塌和水土流失、引发地质灾害，而且排污随意使水质恶化，生态环境恢复难度加大。

① 张勃，郝建秀，张凯. 祁连山区山地草原荒漠化的原因诊断与治理对策 [J]. 中国人口. 资源与环境，2004（06）：112-116
② 王宗礼. 中国草原生态保护战略思考 [J]. 中国草地，2005（04）：1-9
③④ 同①
⑤⑥⑦ 张苏琼，阎万贵. 中国西部草原生态环境问题及其控制措施 [J]. 草业学报，2006（05）：11-18
⑧ 王涛，高峰，王宝，王鹏龙，王勤花，宋华龙，尹常亮. 祁连山生态保护与修复的现状问题与建议 [J]. 冰川冻土，2017（02）：229-234

（4）祁连山北麓山地草原生物原本自然丰富，因经济利益驱使，过度开发草原动植物资源直接导致某些稀有物种或敏感物种的消失[①]。草原以外的大量有害生物入侵，给本地生物多样性造成了极大的冲击。近些年牧区经济发展，商业、贸易、旅游等人为活动不断增加，导致生物栖息地面积减少，加速了稀有物种的灭绝[②]。草原上一些动植物的栖息地遭到破坏，使生物多样性逐年减少。

2.3 社会环境

2.3.1 社会经济发展状况

祁连山北麓牧区多为少数民族聚居区，由于自然因素和历史原因，经济社会发展相对落后[③]。从 1949 年以后该区域的生产生活方式经历了游牧、半游牧半定居、全定居等几个过程。21 世纪以来，国家通过西部大开发以及"一带一路"经济带的建设，使该区域的社会经济有了较快发展，民族团结，社会稳定，各族人民的生活水平有了明显提高。但是由于基础薄弱，且受多种条件制约，目前还存在一系列社会问题，如：经济总体发展水平低，经济效益差；经济结构落后，布局不合理；基础设施落后，城镇化水平低；消费水平低，人口压力大，人口素质不高；资源开发不合理，思想观念保守等。

祁连山北麓牧区基本处于传统西部乡村地区，因其当地以畜牧业为主的特点，人均 GPD 高于同地区农村地区水平。但因经济结构单一，生产力水平低，导致区域经济的发展相对缓慢，经济总量相对较低，且地区间发展不平衡的矛盾显著上升[④]。党的十八大以来，社会主义新农村建设和新型城镇化建设为西部地区带来了新的发展模式，也为祁连山北麓牧区带来了全新的发展机遇。

2.3.2 生产生活方式

我国各个牧区的广大牧民自古都是从事着传统的游牧生产及生活方式，它是一种以畜牧业为主的传统生产和生活方式，对畜牧业来讲最基本的生产资料是畜群和牧场。游牧是终年随水草转移进行游动放牧的一种粗放的草原畜牧业经营方式[⑤]，它的本质在于根据各个草场所处的自然环境来充分利用草场资源，形成了按季节不同草场轮换放牧的生产方式，而牧民全家也要随畜群游动生活。游牧就是人畜的生存与生活只有在移动中方能实现和建立。所有生产生活都在牧区"人、草、畜"三者统

①② 陈娜.浅谈甘肃省草原生物多样性及其保护对策 [J].甘肃科技，2012（21）：1-2
③ 张婧娴.甘南地区藏族新民居建筑研究 [D].兰州理工大学，2016
④ 杨晓华.西部流动人口现象分析 [J].价值工程，2011（04）：317-318
⑤ 林成策.试论人口迁移流动对文化传播的影响 [J].临沂大学学报，2012（03）：36-39

一的系统单元中进行。"虽有城郭，而不居之，恒处穹庐，随水草畜牧"[①]是最真实的写照。

游牧社会以家庭为细胞，以部落为单位，牲畜集体放牧，追逐水草生产生活。由部落占地放牧，家庭负责放养。家庭在生产上和消费上有权处置，保卫牧场和出售产品则归部落处理。为了适应草原游牧生产的需要，游牧民族逐渐形成了规模大、人数多的生产体制[②]。

游牧生产方式是牧民在长期发展中总结出来的一种适应自然条件的方式[③]。但是，游牧又是一种完全依靠自然条件的经营方式，适应自然条件的同时无法克服自然条件的制约。游牧生产是低效益的粗放生产，遇到自然灾害，牲畜大量死亡。因此，游牧方式几千年来维持着低效益生产和低水平的生活[④]。

祁连山北麓牧区自古的生产生活方式就是游牧游居，该牧区牧民自古以来就是以游牧为主的民族，游牧方式是垂直竖向移动。而牧民定居后，牧民开始从游牧游居逐渐向初级定居转变，生态移民后初级定居又向高级定居模式发展。但各地区的发展状况不同，在定居发展过程中部分牧民则直接由传统游牧发展到高级定居模式。因此，该山地草原牧区牧民定居点存在着传统游牧的"移动"和定居的"固定"两种截然不同的生产生活方式。

（1）传统游牧生产生活方式

祁连山北麓山地草原最高海拔超过4000m以上，植被呈垂直分布，季节性的牧场影响了牧民的生产和生活，形成了四季转场的放牧方式[⑤]。由于西部山地草原随山地海拔高度不同而具有分带性的特征，牧民们世世代代形成了在不同季节的不同高度草场的迁徙游牧方式[⑥]。

牧民这种垂直竖向移动的四季转场有一定的时间、顺序和路线。当地牧民游牧四季转场，又被称为四季循环放牧。他们将有限的草地分为春秋、夏、冬3块牧场，每年进行四期利用（见图2-2）。一般来说，每年4月底到6月中旬在春季牧场利用山地阳坡带的干旱草原进行放牧。春季牧场多位于海拔在900～1800m的低山区和海拔450～900m的山前区。

6月中旬到9月底，夏季转场到山地高处森林、草甸、草原和高山、亚高山草场，一般海拔在2800～3500m的高山区和海拔1800～2800m的中山区[⑦]。在夏季牧场每

① （唐）令狐德棻 . 周书 [M]. 上海：上海古籍出版社，1991
② 马骏骐 . 对游牧文化的再认识 [J]. 贵州社会科学，1999（03）：106-110
③ 姜冬梅 . 草原牧区生态移民研究 [D]. 西部农林科技大学，2012
④ 吐尔逊娜依·热依木 . 牧民定居现状分析与发展对策研究 [D]. 新疆农业大学，2004
⑤ 顾松明，夏志芳 . 从新疆冬夏牧场转场中透视地理元素 [J]. 地理教学，2016（6）：36-37
⑥ 赵向军，宋君 . 冬季新疆 宛若童话 [J]. 风景名胜，2006（12）：54-63
⑦ 同上

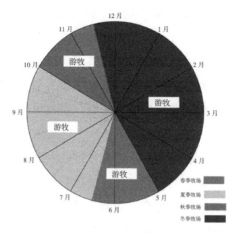

图 2-2　西部山地草原牧场使用分期图

5 ~ 10 天换地进行放牧。

夏天一过，天气很快冷下来，高山开始下雪，牲畜必须向下转移，过渡到秋季牧场，基本在每年的 10 月到 11 月中旬，其位置与春季牧场为同一地点，但此时的草场植被与春季有一定的差别[①]。

从 11 中旬开始牧民再回到海拔 450 ~ 550m 的平原盆地谷地荒漠草原河谷两岸，或部分避风、向阳的山沟、凹地山前区，称之为冬季牧场又称"冬窝子"。牧民住在固定的土木房子里，度过漫长寒冷的冬季。

祁连山北麓牧区牧民四季转场的生产方式有自身的优势：①有限的草场资源得到休养生息和循环利用，可以不断为牲畜提供优质的牧草，保证牲畜的成长，使草场的牲畜承载量提高。②在迁徙转场过程中，因路途长多数牲畜体质得以增强，而体质较弱的牲畜被自然淘汰，有利于品种的优化，保证了畜牧种群的优良品质，是种群发展壮大的基础。③在四季的转场活动中，各种草原植物经过牲畜的啃食和消化排泄，使草原物种得到合理的传播，这对改良草场和提高草场质量具有重要意义。

祁连山北麓牧区牧民除了以这种传统游牧的畜牧业生产为主要方式外，在传统生产中还从事手工业、狩猎及少量的农业生产，这些生产规模较小，都与畜牧业生产有一定的关联，也是对其有益的补充。

因此，游牧首先是一种生产方式，而逐水草而居的生活方式是由这种生产方式决定的。祁连山北麓牧区牧民是因为垂直竖向移动游牧这种生产方式才不得不选择四季游动的游居生活方式，形成了一种四季做循环转动的"牧居一体"生产生活方式（见图 2-3）。

---

① 赵向军，宋君.冬季新疆 宛若童话 [J].风景名胜，2006（12）：54-63

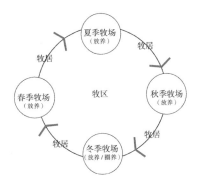

图 2-3 "牧居一体"生产生活方式图

（2）定居生产生活方式

从 20 世纪 80 年代开始因社会的发展及生活的需要，部分牧民开始在传统定居点内由传统游牧逐渐发展到在冬季牧场的定居点固定房子内住，牲畜冬季放牧或圈养，其他三季放牧，"人定畜不定"的初级"牧居分离"方式（见图 2-4）。这种方式中，牧民的生产方式依然是"游牧"，畜群继续在四季转场，进行传统的放牧。牧民家中的老人和孩子常年居住在定居点的固定住房内，中青年的劳动力还要跟随畜群到各季牧场进行放牧。但随着牧民定居后"居"的内容不断扩大和丰富后，传统定居点靠近草场远离县城，无法满足家中的老人就医和子女上学、生产生活信息交流及获取等问题越来越突出。同时在草场从事放牧的牧民不得不通过马匹或摩托车等交通工具，不定期地往来于四季牧场与定居点之间，产生了很多不便，生产方式与生活方式之间产生了矛盾。所以这种定居模式下，只强调牧民生活状况的改善和水平的提高，而不重视生产方式的改变，导致广大牧民并不能适应这种"人定畜不定"方式，违背了生产方式决定生活方式的基本原则，必然会产生一系列的问题。

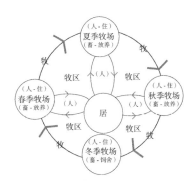

图 2-4 初级"牧居分离"示意图

从 2000 年左右，牧区政府按照国家的要求，以保护草原生态环境和改善牧民生活条件为目的的生态移民工程在各地陆续展开。因传统牧民定居点存在的问题，已不适合继续居住只能放弃，进行异地重建，因此出现生态移民定居点。

牧民生态移民定居是一次全方位的生产生活方式的转变，在遵循生产方式决定生活方式的基本原则的基础上，改变原有方式，由初级"牧居分离"方式发展到高级的"牧居分离"方式（见图 2-5）。这种新方式下的"牧"与前面所有的"牧"不同。"牧居一体"和初级"牧居分离"中的"牧"是指传统的"游牧"生产方式，即使全定居也是"游牧定居"。而牧民生态移民定居后的高级"牧居分离"中的"牧"是指暖季放牧与冷季舍饲相结合，产生了"定居轮牧制"。因此牧民生态移民定居不是简单的定居定牧和定居游牧，而是要用定居轮牧制取代游牧制，发展新的人工饲草料生产力，使退化草地修复，保持草地生态优化，形成新的现代草原利用格局①。这个转变过程是逐步发展和演变的，由传统畜牧业向现代畜牧业发展。

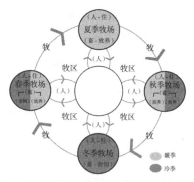

图 2-5　高级"牧居分离"示意图

2.3.3　文化、宗教及习俗

每一地区的居民都有属于自己的文化。在特定文化的影响下，渐渐会形成一定的共同心理特征和行为模式。不同的地域、不同的民族，居民行为和心理模式各有特点②。

草原文化中主要是游牧文化。"游牧文化包含着丰富的人与自然和谐相处的特征。拥有鲜明的生态属性。它既包括适应、简约和务实的生态功能，还有动态、圆形和三点支撑、适用等生态文化的特征。"③游牧民族往往保持了本民族的特征和习俗，游牧文化影响下的民居常常体现了共性的特点。游牧文明在草原上纵横驰骋了几千年，在处理人与自然的相互关系上积累了很多的经验。毡房、蒙古包等建筑就是游牧民族处理人、畜、自然关系的产物，表现出他们有效利用当地自然资源和适应自然环境的知识和技术。牧区的宗教信仰和传统民俗则反映了游牧文化的特点。

① 吐尔逊娜依·热依木. 牧民定居现状分析与发展对策研究 [D]: 新疆农业大学，2004
② 杨芸. 城市住宅地域性与建筑设计 [D]: 天津大学，2003
③ 邢莉，赵月梅. 草原游牧民族与草原游牧文化 [J]. 西部蒙古论坛，2011（01）：51-58

　　宗教信仰是我国地域文化中的重要组成部分，而传统风俗是与人们的日常生活和行为观念联系最为密切的一项文化因素。民俗从一代传一代，加强了地域文化的亲和力和凝聚力，成为地域文化的最有特色的部分。城市中很多传统风俗已经消失殆尽，而在村镇依然保留着传统风俗对居住建筑形式的强烈影响。当地牧区的宗教信仰和传统民俗影响着当地居住建筑形成与发展。

　　祁连山北麓牧区的宗教信仰主要是早期的萨满教，逐渐形成现在的藏传佛教文化。

　　萨满教的生态观：萨满教作为一种原始宗教，可以说是古代北方游牧民族信奉最久远和广泛的古老宗教。萨满教也是一种信奉自然的宗教，它维持着悠久的生态保护传统。在萨满教的观念意识和行为层面中都蕴含着爱护自然、维护生态平衡、回归自然的生态意识，并且以神灵的名义进行教育，建立了一套行之有效的生态保护措施，让人们在思想意识中预防生态破坏并在行动上保护生态平衡，并把它作为萨满教的禁忌[①]。萨满教禁忌体系中有一部分禁忌是出于对生存环境和生态平衡进行保护的目的，萨满教的一些观念和禁忌以神灵的名义要求人们爱护自然、尊敬自然并保护自然。这是人们在长期的生存活动中总结出来的经验知识。萨满教将那些合理的经验知识纳入其宗教体系后使其系统化，并创造出一系列适应自然、与自然共生的行之有效的思想观念和行为规范。萨满教的生态意识虽然具有自发性，但在客观上确实起到了保护物种、防止环境污染和生态环境破坏的作用[②]。

　　藏传佛教的生态观：藏传佛教是建立在尊重自然、尊重万物的信仰，其理念也涵盖了生态理念，引导人们向着美好社会发展。藏传佛教中的"整体观"体现出对自然规律的认识，是佛教世界观的基本特征，同时也是佛教生态观的首要特征[③]。提出众生平等的生命观，万物的出现都有其自身存在的社会意义，不杀生、护生、放生这是信仰佛教的最基本思想。这种思想为物种的保护、自然环境的保护、生物链的延续起到重要作用。佛教将生命主体与生态环境视为统一体，认为天地同根、众生平等、万物一体，一切生命都相互联系相互制约，并依靠大自然而生存，既然大自然给了生命赖以生存的环境，那么人类作为大自然的一分子就应顺应自然并融于自然[④]。

　　祁连山北麓牧区有着独特的传统民俗，主要体现在日常生活方面。

　　当地牧区牧民的传统游牧业主要依赖于天然草原，牧民根据草场四季的变化，在季节性牧场上轮换放牧。他们住在便于搬迁的帐篷内，牲畜是主要的生产资料和生活资料，受自然条件影响很大，具有不稳定性[⑤]。同其他地区牧民一样，游牧人以血缘为纽带，以地域分聚落，过群居生活。

①　杨军.萨满教的生态意识[J].中外企业家，2012（12）：179-180
②　色音.萨满教与北方少数民族的环保意识[J].黑龙江民族丛刊，1999（02）：80-86
③④　马明.新时期内蒙古草原牧民居住空间环境建设模式研究[D]:西安建筑科技大学，2013
④　徐平，顾安才，庄文伟.游牧民定居推进工作中存在的问题及建议[J].新疆金融，2009（06）：18-22

　　四季转场时，牧民们携子女及亲属，组成马队、驼队，带着帐篷、生活用品，赶着畜群一起大迁移，逐水草辗转而居（见图2-6）。传统游牧生活虽然艰苦，却是游牧文化和草原文化重要组成部分，是自然生态的草原生活。传统的游牧生活方式主要包括与牧民生存活动密切相关的衣、食、住、行。这些是人类生活的根本，也是社会发展、生活富足的标志。由于其忠实地反映了人类的生活、经济状况，所以也就会清晰地显示出该民族的经济、文化、艺术状况。

a　夏季牧场放牧　　　　　　　　　　　　　　　　b　转场迁徙

图2-6　祁连山北麓牧场游牧生产生活图

　　衣。服饰是民族特色的重要标志之一，因此每个民族各有不同。祁连山北麓牧区牧民服饰具有浓郁的草原游牧生活特点，牧民常年生活在山地草原，气候寒冷，服饰是以适合山区牧场转场过程的需要，主要以保温、防雨雪、便于乘骑为选择要点。服饰原料也主要来自牲畜和野生动物皮毛，其中以羊皮居多，也伴有布料丝绸之类。随着时间的推移，牧民的传统服饰也在不断变异。

　　食。牧民长期从事游牧，食物主要是来自牲畜，传统饮食以肉类、奶制品和谷物为主食，较少食蔬菜。主要是受到牧民生产条件和交通环境的制约和影响。茶中含有芳香油，经常饮用有溶解脂肪、消食暖胃、提神醒脑的功效。因气候和饮食的原因，酒对于牧民亦不可缺少，与茶一起成为牧民最重要的饮品。

　　住。游牧生产时，山地草原牧民必须在春夏秋冬四季转场迁徙，帐篷具有便于携带、易于拆卸、搭建方便、防寒防雨、防震的特点。冬季牧场一般是住在土坯、木构、砖石建造的房屋里，建在山下避风雪的地方，屋顶有四方平顶和坡顶两种形式（见图2-7）。

　　行。当地牧民由于长期从事游牧畜牧业，需要不断移动，马、牛、骆驼、大车就成了牧区的主要交通运输工具。

　　在这些内容中，除"住"外其他民俗定居后变化不大，基本保持着游牧时期的状态。而"住"直接反映居住建筑的形式，传统移动式的居住建筑形式——帐篷，最能反映本地区传统"住"文化，但是定居后生产生活方式转变了，居住建筑被固定下来，

a 山地草原的帐篷　　　　　　　　　　　　b 土坯房屋

图 2-7　祁连山北麓牧区典型传统民居

不再具有游牧方式下的特征（见图 2-8）。

图 2-8　祁连山北麓牧区牧民定居点典型居住建筑

因此，祁连山北麓牧区中传统草原文化和宗教信仰中的生态观，应传承于所有的牧区居住建筑，在牧民定居点居住建筑设计上必须落实当地草原文化生态观的要求，保护好祁连山北麓生态环境。

2.4　小结

本章主要对祁连山北麓牧区环境进行了系统的介绍和分析，指出该牧区环境由自然环境、生态环境和社会环境三部分组成。

然后是对牧区三个环境现状进行了分析，归纳出以下几点认识：

（1）祁连山北麓牧区自然环境主要由气候、地形地貌、水文、土壤植被等因素决定。这些因素中气候和地形地貌对当地牧民定居点居住建筑的形态、选址用地、热工性能、资源利用等方面具有决定作用;而水文和土壤植被对定居点聚落形态、建材选择、建筑给排水等方面产生直接的影响。

（2）祁连山北麓牧区生态环境恶化是本研究的缘起。当地脆弱及恶化的生态环境已经影响到整个地区的人居环境的发展。而且已经对相关内陆地区的发展产生了副作用，因此必须对祁连山北麓生态环境进行恢复及保护，已经刻不容缓。牧民定居点的选址及居住建筑设计建设应以生态为先，绿色可持续建筑是该地区的唯一选项。

（3）祁连山北麓牧区社会环境主要包括社会经济发展状况、生产生活方式、文化习俗等方面。这三方面作为外部因素，影响了牧民定居后的居住方式，也是居住建筑类型及功能性空间的形态、组合方式设计的依据。同时也塑造了新居住建筑的地域性及时代性特征。

3.

祁连山北麓牧区牧民定居点居住建筑现状及存在的问题

3.1 牧民定居点现状

3.1.1 形成的背景

马克思在《经济学手稿中》指出:"游牧,总而言之流动,是生存方式的最初形式。"[①] 又说:"一旦人类终于定居下来,这种原始共同体就将依种种外界的(气候的、地理的、物理的等等)条件,以及他们的特殊的自然习性(他们的部落性质)等等,而或多或少地发生变化。"[②]牧民传统的游牧方式在历史上是一种巨大的进步,是适应自然的生产方式。但这种靠天养畜原始的传统生产方式,带来了牧区生产生活的相对落后和草原生态环境的恶化。随着人口的增长,社会的进步,游牧已经不能适应时代发展的需求,必须从"靠天养畜"的生产生活方式中摆脱出来。因此,定居是目前最适合牧民的生活方式,符合社会发展的自然规律。

祁连山北麓牧区牧民生活居住方式发展过程与我国其他牧区情况基本一致(见图3-1),但每阶段又具有自身特征(表3-1)。早期牧民一年四季居住在帐篷中,帐篷随着牧民一起在各季牧场间移动。逐渐发展到牧民在冬季牧场建造了由最初的木头、石头、生土到后来的砖木结构住房,与帐篷一起形成了固定的居所,而其他季节依然居住在帐篷,继续游动在各个牧场。因冬季寒冷漫长,帐篷在冬季居住舒适性差被牧民逐渐放弃,土木固定住房成为冬季牧场的主要居所。牧民在其旁边修建了牲畜圈进行圈养,随着人口和房子的增多聚集形成自然牧村。牧民这种自发的冬季在牧村固定居住,其他季节移动居住,循环移居的形式称为半定居方式。

随着国家对牧民定居不断引导和扶持,政府开始在这些半定居的自然牧村修建了一些基础设施,但是因各地区经济发展不平衡,定居位置偏僻,聚居人口及户数少,

---

①② 阿德力汗·叶斯汗. 从游牧到定居是游牧民族传统生产生活方式的重大变革 [J]. 西部民族研究, 2004(04): 132-140

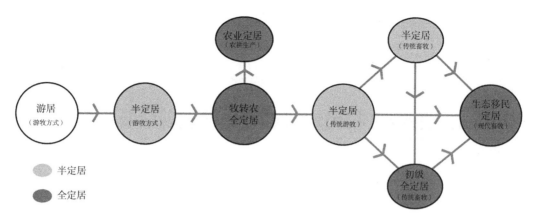

图 3-1 牧民居住方式发展图

导致设施水平很低，通水不通电，交通不方便，教育、医疗、牲畜圈舍等条件落后，牧民住房老旧、质量差、居住水平低。目前，虽然半定居方式在本地区还占有一定的比例，但是这些年在政府的倡导下已经开始逐步进行整体移民搬迁，正逐年减少。

<table>
<thead>
<tr><th colspan="4">牧民各种生活居住方式　　　　　　　　　　　　　　表 3-1</th></tr>
<tr><th></th><th>牧民游居</th><th>牧民半定居</th><th>牧民完全定居</th></tr>
</thead>
<tbody>
<tr><td>生产方式</td><td>游牧</td><td>游牧 + 牲畜圈养</td><td>畜牧业、农业、种植业、养殖业、工业、服务业等</td></tr>
<tr><td>生活方式</td><td>游居（居的内容简单，水平低下，方式落后）</td><td>冬季定居，其他季节游居，后期开始畜牧为主的多种经营（居的内容简单，水平一般，方式落后）</td><td>四季定居（居的内容多样，水平提高，方式先进）</td></tr>
<tr><td>人的属性</td><td>牧民</td><td>牧民</td><td>牧民为主；部分从事其他行业人员</td></tr>
<tr><td>居住地位置</td><td>四季牧场</td><td>四季牧场，定居冬季牧场</td><td>定居冬季牧场、移民定居点</td></tr>
<tr><td>聚居方式</td><td>散居为主，小规模聚居</td><td>散居为主，小规模聚居</td><td>完全聚居</td></tr>
<tr><td>居住建筑形式</td><td>传统帐篷，土石房</td><td>传统帐篷及砖木房</td><td>传统砖木房；现代居住建筑</td></tr>
</tbody>
</table>

另外一种形式以政府为主导，牧民放弃了游牧方式，一年四季完全居住在固定的房子里，称为完全定居。如 20 世纪 50 年代，政府要求牧民完全定居下来从事种植业和养殖业，牧民在冬季牧场建造土木结构住房，牧民转变成农民。但是这种形式是因历史的原因在政府强制下进行的，牧民并不适应而产生了大量问题。到了 20 世纪 80 年代初，随着各个牧区草场包产到户后，牧民又回到传统的放牧方式，冬季定居在固定的居所，其他季节居住到各个牧区。

从 20 世纪 90 年代开始，在条件好的地区政府将半定居的牧民完全固定下来后，政府修建了一些基础设施，牧民生活状况得到一定的改善。这种方式并没有彻底解决"靠天养畜"，生产对草场的依赖性还是很大，这种定居方式称为初级全定居。虽然这种初级全定居方式下牧民实现了完全的定居，但是因为定居位置离牧场近，随着人口和牲畜的增多,牧场的环境承载力达到极限因此受到破坏,牧民经济收入提高幅度有限,大部分收入都投入到增加牲畜数量上,牧民依然还是居住在传统的土木住房中,只是在原住房旁边修建了新的砖瓦住房。但是定居区域内的现代社会服务设施不足、信息和交通不便捷,使牧民整体生活质量不高。而部分条件差的地区牧民对全定居不积极,在半定居状态下修建基础设施的同时,牧民依然从事传统的游牧生产,然后再逐步完成全定居。故在这种情况下,出现了全定居和半定居共存的局面。

从 21 世纪初开始,政府主导的以保护草原生态环境,提高牧民生活水平为目的的生态移民定居,成为牧民完全定居的第三种形式。这种形式中政府选择传统定居点以外的地方建设定居点,依据政府倡导牧民自愿的原则,由政府和牧民共同出资新建现代居住建筑,让牧民固定居住下来,定居点水利、电力、道路、交通、邮电、能源、文化、教育、卫生等设施同步建设逐步完善,牧民生活状况得到显著的改善,生活水平不断提升。与此同时牧区由传统畜牧业逐步向现代畜牧业发展,不再完全"靠天养畜"。所谓生态移民(eco-migration)就是从恢复生态、保护环境、发展经济出发,把原来位于环境脆弱地区高度分散的人口,通过移民的方式,使他们集中起来,形成新的村镇,使生态脆弱地区达到人口、资源、环境和经济社会的协调发展[1]。牧民生态移民定居,是由政府部门统一指导,牧民有组织的迁移,是国家社会经济可持续发展内容之一[2]。祁连山北麓牧区牧民定居形式具体特征见表 3-2。

牧民定居形式特征 表 3-2

	"牧转农"定居	初级牧民全定居	生态移民定居
生产方式	农业下的种植业、养殖业为主,游牧为辅	畜牧业为主(游牧 + 牲畜舍饲喂养),草料种植业	以畜牧业为主(放牧 + 牲畜舍饲喂养为主,畜牧加工业),草料种植业、商业、服务业、政府部门工作、旅游业、外出务工为补充的多元方式
生活方式	四季定居(居的内容简单,水平一般,方式很落后)	四季定居畜牧业:居在定居点,根据季节住在牧场(居的内容较丰富,水平一般,方式较落后)	四季定居畜牧业:居在定居点,根据冷暖季住在牧场。其他行业:居住在定居点,居住外地(居的内容丰富,水平较高,方式先进)
人的属性	牧民、农民	牧民	牧民为主、其他人员
居住地位置	定居冬季牧场	定居冬季牧场或周围	生态移民定居点,不在牧场范围内
居住建筑形式	传统土木房	传统砖木房、砖瓦房	现代居住用房

国家发改委、住房与城乡建设部、农业部公布的《全国游牧民定居工程建设"十二五"规划》指出:"根据游牧民分布区域、生产生活习惯、自然地理条件,按照土地利用总体规划、村镇建设规划等,在总结以往游牧民定居经验的基础上,因地制

---

① 刘鑫渝 . 土地制度变迁视野下的哈萨克牧区社会 [D]: 吉林大学, 2011
② 郭川 . 霍城县牧民定居效应分析与发展对策研究 [D]: 石河子大学, 2013

宜确定定居类型。"并提出三种定居类型：就地分散定居、并入现有乡镇村落、整体搬迁集中定居[①]。

（1）就地分散定居——按照大分散、小集中原则，就地就近建设小型定居点。依据水源、饲草地条件、放牧半径以及互助合作关系等合理确定定居点大小。参照西藏经验，每个定居点以 10 户左右为宜。定居点应尽量选择在公路沿线、电网覆盖以及水源、水质有保障的区域，以方便牧民生产生活，且应避开地质断裂带和山洪、泥石流等地质灾害易发区。

（2）并入现有乡镇村落——充分利用现有乡村公共服务基础设施，在自愿的前提下，鼓励游牧户选择到就近集镇或村落定居。

（3）整体搬迁集中定居——对于生态功能核心区的游牧户，可实行整体搬迁，异地集中安置。定居规模根据当地的资源环境承载能力确定，原则上不超过 200 户。定居点应选择在靠近城镇、交通便利、无地质灾害隐患的地区，且与当地土地利用、村镇布局以及相关基础设施规划做好衔接。

这三种方式作为国家指导性文件内容对"十二五"期间我国牧民定居方式与类型进行了规定，祁连山北麓牧区牧民定居需依据此文件进行各项相关工作。

牧区生态环境脆弱，草场"三化"严重，随着人口和牲畜数量的不断增加，生态环境受到极大的挑战。作为我国西部地区重要的水源地和民族经济区域，区域内都设有国家级自然保护区，生态环境保护尤为重要，生态移民是解决这一地区环境问题的重要手段甚至是唯一手段。因此将牧民定居与生态移民相结合是提高牧民生活水平、保护生态环境、促进社会进步的最有效途径。

祁连山北麓牧区经过多年生态移民定居工程的建设，截止到 2016 年年底，该地区已基本实现了牧民生态移民定居，只有很少部分牧民还处于半定居和初级全定居状态。随着生态移民定居工程的继续推进，这部分牧民也将完成移民完全定居。预计到"十三五"全部完成牧民定居。

该牧区生态移民定居工程建设，在保护当地生态环境的同时，使传统游牧制转为定居轮牧制，有利于振兴牧区经济与实现畜牧业现代化，是历史发展的必然趋势[②]。

牧民从游牧到定居是一个复杂的经济、社会、文化变迁过程，是为解决游牧民在牧区因社会经济、生态环境和资源等矛盾而选择的一种新生产生活方式[③]。从深层意义上讲，从游牧到定居，牧民从散居变成了聚居是一种深刻的社会变迁，这不仅是牧区生产和生活方式的变化，而且是牧区社会、经济、文化等因素的重新组合，与牧区社会经济发展、产业结构、资源利用、生态保护等因素关系密切。牧民定居是在国家牧民定居政策的指导下进行的一项循序渐进的工程，定居从初级逐渐向高级逐步发展，

① 国家发改委.全国游牧民定居工程建设"十二五"规划 [R]，2012
②③ 丁志春.阜康市水磨沟乡哈萨克牧民定居意愿分析及研究 [D]：新疆农业大学，2014

这个过程不但要符合自然规律和社会发展规律，具体进程还必须符合牧民民族文化变迁的规律①。

牧民定居点即牧民各种定居方式下聚居的地点，具有聚落特征，同时具有牧业属性。因此，牧民定居点内牧民是主体人群并从事畜牧业的生产生活活动，形成了区别于农业、渔业、林业等聚落的特有的牧业聚落形态。

3.1.2　类型特征

祁连山北麓牧区牧民定居点根据牧民定居形式及存在状况主要分为两类：传统牧民定居点和生态移民定居点。具体特征见表3-3。

祁连山北麓牧区各类牧民定居点特征　　　　　　　　　　表3-3

	传统牧民定居点	牧民生态移民定居点
定居方式	半定居、初级全定居	高级全定居
定居点地点	传统自然行政村	乡政府所在地、县城
定居点规模	由村里现有实际住户组成，户数固定	由若干个定居组团组成，户数控制
定居点生产方式	传统畜牧业	传统畜牧业、现代畜牧业
定居点属性	牧业村	牧业乡镇、牧区县城

（1）传统牧民定居点，主要在冬季牧场或附近，包括半定居、"牧转农"全定居和初级全定居等，这些地点多为传统的自然行政村（见图3-2）。

图3-2　传统牧民定居点

早些年政府在定居点内主要任务是修建基础设施，基本实现了通水、通路、通电，但是因经济有限和位置偏远，交通不便，其他生产设施如牲畜的饲料基地和棚圈建设

① 郭川.霍城县牧民定居效应分析与发展对策研究 [D]: 石河子大学，2013

比较落后，配套生活服务设施不健全，牧民还是居住在传统的砖木结构的老房子里，生活水平整体处于低水平（见图3-3）。

图 3-3　传统定居点饲料棚子和牲畜棚

　　这些传统定居点所在区域基本处于所处自然保护区的核心区，按照《中华人民共和国自然保护区条例》第二十七条规定：“禁止任何人进入自然保护区的核心区。自然保护区核心区内原有居民确有必要迁出的，由自然保护区所在地的地方人民政府予以妥善安置。”因此，传统牧民定居点必须放弃，定居点内的牧民必须移民搬迁。保护区外面浅山区常作为生态移民定居点的选址区域。这也是祁连山北麓牧区牧民定居点发展建设区别于其他草原牧区的重要特征。

　　（2）生态移民定居点，根据生态移民的要求和特点由政府主持进行重新选址，一般建在牧场以外近水沿路、靠近基础设施条件较好的乡和县城的地方，进行统一规划、分期建设、按期安置，根据定居规模形成乡定居点和县城定居点两种形式，分别处于乡政府所在地和县城内（见图3-4）。牧民生态移民定居点的建设是牧民定居工程的重点内容[①]。按照牧民定居工程的要求，定居点基础建设不仅要达到通水、通路、通电，而且要有牲畜的棚圈、人工草饲料基地和兽医技术站等（见图3-5）。特别是牧民要有新建的功能设施齐备的现代居住用房，每户通水、通电、通宽带、通路、通电话、通广播电视。并在定居点内统一规划建设包括购物及商贸市场、文化中心、广场、幼儿园、学校、卫生室、服务中心等现代生活服务设施。牧民生产生活状况得到极大的改善，生态移民定居点逐渐成为牧区的政治、经济、文化中心。虽然生态移民定居点具有起点高、配套设施先进的优势，但牧区经济情况比较落后，能够具备完整的生产生活配套设施建设的定居点数量不多，建设水准存在差异，需要进一步巩固和发展。

① 刘鑫渝 . 土地制度变迁视野下的哈萨克牧区社会 [D]. 吉林大学，2011

a　乡镇型定居点　　　　　　　　　　　　　　b　县城型定居点

图 3-4　生态移民定居点

图 3-5　生态移民定居点集中式牲畜圈舍及饲料场

3.1.3　聚落特征

3.1.3.1　聚落类型

聚落（settlement）是人类居住、生活和进行社会活动的场所，也是人类活动直接与环境发生相互作用的地方。"聚落"一词古代指村落，如中国的《汉书·沟洫志》的记载："或久无害，稍筑室宅，遂成聚落"[①]。首先将聚落划分为乡村和城市，然后再分别进行分类研究。根据自然地理区域把我国民族聚落分为山地聚落（包括缓坡地带）、高原聚落、平原聚落（含低洼盆地、平坝）、草原聚落、沿海丘陵聚落、湖滨水域聚落[②]。

其中乡村聚落通常是指居民以农业为经济活动主要形式的聚落。在农区或林区，村落通常是固定的；在牧区，定居聚落、季节性聚落和游牧的帐幕聚落兼而有之。随

---

① [品味．认知] 聚落与聚落地理学＿唔嘟＿新浪博客 [M]，2018
② 浦欣成、王竹、黄倩．建筑学视角下国内乡村聚落研究解析 [J]. 华中建筑，2013（08）：178-183

着现代城市化的发展，在城市郊区还出现了城市化村这种类似城市的乡村聚落[1]。

城市聚落主要指在原有乡村聚落基础上，达到了一定的人口数量、经济水平、规模程度而建立的规模大于乡村和集镇的以非农业活动和非农业人口为主的更高级的聚落形式。通常城市聚落具有大片的住宅、密集的道路，有工厂等生产性设施，以及较多的商店、医院、学校、影剧院等生活服务和文化设施。

根据以上乡村聚落和城市聚落的特征，祁连山北麓牧区牧民定居点中的传统定居点属于乡村聚落中的牧村聚落，是以定居聚落为主要特征同时兼有少部分季节性聚落和游牧的帐幕聚落的草原聚落特征。生态移民定居点则属于新兴聚落类型，处于乡村聚落与城市聚落之间，并且同时具备牧村定居聚落和城市聚落部分特征，在定居点内牧民的高级"牧居分离"模式及各种生产生活基础设施的建设，使生态移民定居点的选址和规划与传统牧民定居点存在差别，呈现出不同的空间形态。但因两种定居点均处于祁连山北麓山地草原环境中，使两者聚落形态又都具有山地河谷聚落的空间特征。

（1）传统草原聚落

我国草原地区牧民过着"逐水草而居"的生活，因此该地区的聚落位置根据牧场的位置而确定，即与牧民的转场游牧相对应（见图3-6）。如蒙古族聚落布局可分为古列延、阿寅勒、浩特艾勒图，还有蒙古包的线性与独栋布局以及在半定居点的固定住所与帐篷相结合等方式。草原地区游牧聚落的规模大小、稳定程度（营盘搬迁频率）、聚落密度和距离远近等，主要与某一区域内单位面积产草量（草场载畜能力）有关[2]。另外少数民族牧民由血缘关系和氏族形成的部落组织，成为决定人群聚落形成的内在成因，而且显化为一种向心而聚的内敛性聚落形式。例如，哈萨克族牧民所称的"阿吾勒"就是牧民游牧村落的意思。游牧村落一般由血缘关系最亲密的人家组成，一般几户到十多户人家聚居在一起。同时宗教信仰也是影响少数民族牧民聚居的重要因素，如藏、蒙、裕固族等信奉藏传佛教，维吾尔、哈萨克、塔吉克、柯尔克孜族等信奉伊斯兰教，在各自聚落中的人们具有同一宗教信仰和强烈的宗教意识，且聚落中有一个较为宏伟的宗教建筑，从而形成宗教聚落。

祁连山北麓牧区聚落具有传统草原聚落的特征，牧民在竖向四季迁徙的过程中形成相应的草原聚落形式。牧民四季转场于山地之中的各个牧场，进行传统的畜牧业生产和生活。牧民的生产生活方式决定了牧区的聚落形式。当地牧民在游牧生产生活中，移动性强，辗转于各季牧场，需要进行相应的牧业生产活动，帐幕聚落、季节性聚落成为牧区聚落形式。特别是春季、夏季、秋季转场生产活动，场地环境自然性强，牧场宽广，植被丰盛，这两种聚落符合环境和生产需要。传统的冬季牧场，时间最长，

---

① [品味.认知] 聚落与聚落地理学 _ 唔嘟 _ 新浪博客 [M]，2018

② 马宗保，马晓琴. 人居空间与自然环境的和谐共生——西部少数民族聚落生态文化浅析 [J]. 黑龙江民族丛刊，2007（04）：127-131

图 3-6　传统草原聚落

气候条件最差。因此，一般选在避风、向阳的山沟、凹地，或者河谷两岸作为牧民重要的聚落所在地，进行冬季定居生产生活。在这些冬季牧场附近的"冬窝子"，经过长期发展演变成为牧区自然村，传统牧民定居点就是在这些自然村基础上形成的定居聚落。定居聚落具有长期性和固定性的特点，与农区的聚落接近，形成一定规模的村落聚居（见图 3-7）。传统牧民定居点聚落布局呈自发性展开，缺少整体规划，建筑及用地空间使用随意性大。在半定居状态下还存在部分季节性聚落和游牧的帐幕聚落，全定居后这些聚落形态消失，成为完全的定居聚落。

图 3-7　传统定居点聚落

（2）生态移民定居聚落

我国生态移民常选择乡村或者城市郊区作为移民定居点，部分也以县城作为定居点。生态移民定居点由政府统一规划建设，用地限制较少，居住建筑没有宅基地的要求，一些现代化的医院、学校、商店、文化站及各种交通通信等服务设施很快建设完成，同时移民新居更是具有现代化居所形式和优美的居住环境，移民定居点具有了城镇中的基础设施。定居点内道路及外部环境不再像传统乡村聚落里那样封闭狭窄和脏乱无序，建筑整体布局规整，功能分区明确清晰，人居环境状况良好。

祁连山北麓牧区生态移民定居点，作为牧民生态移民的聚落物质载体，往往选择交通便利、基础条件比较好的一些乡政府所在地和县城（见图3-8）。乡镇定居点因其所处的环境及规模相对较小更具有乡村聚落的特性，同时一些基本生产生活基础设施的建设使这些定居点具有现代乡村聚落的特点。而县城定居点往往位于具有更齐全和更高级的公共基础设施的县城边缘，具有了城市的外部环境特征，但因牧区仍处于落后地区，因此县城定居点更接近乡镇聚落。同时公园、文化馆、各种商店、市场及车站等文化交通设施更丰富，为牧民生活提供了更多的便利。

图 3-8　乡镇型生态移民定居点聚落

（3）山地河谷聚落

山地聚居最大的特征在于受起伏的地形以及由此产生的多种自然因素的影响，主要表现在山地自然环境的限制上（见图3-9）[1]。我国山地具有面积大、分布广、海拔高差不等、气候环境条件差异大的特点，因此山地聚落具有很强的地域特征，同时山区人们的生产生活方式对聚落的形成也有影响。山地河谷聚落形态往往呈现出线性或者带状布局，聚落用地零散且不规则，因为用地受地形限制，建筑沿山坡顺等高线布置。又由于易暴发洪水，乡镇选址都高出河床，虽面水但不近水[2]。

树枝状　　　　　　　　　交织状　　　　　　　　　放射状

图 3-9　山地聚落布局平面图

① 刘征.山地人居环境建设简史（中国部分）[D]: 重庆大学，2002
② 高雅芳.秦岭河谷型乡镇居住建筑空间适宜性策略研究 [D]: 长安大学，2014

祁连山北麓牧区无论是传统牧民定居点还是生态移民定居点都应顺应山势及河谷状况，选择聚落的位置和确定房屋的朝向。牧民定居点在选择聚落位置时首先应从安全性考虑，避开山区洪涝和泥石流影响的区域及雷雨季节时易受到雷击的地方。传统牧民定居点所在的自然牧村，多位于低海拔的沟谷盆地中背风向阳的一级台地，以达到在寒冷的季节里充分利用太阳能源取暖和有效避免风沙侵袭的目的。生态移民定居点所在的乡政府所在地或者县城通常位于山区地理位置好的沿路沿河河谷区域，所以定居点聚落一般建在这些区域内地势高、向阳和交通便捷的地方。

3.1.3.2 布局特征

该牧区定居点整体布局具有"大分散、小集中"和"小分散、大集中"特征。每个定居点由若干定居组团组合而成。牧民定居就是牧民从散居变成了聚居，是一种深刻的社会变迁，故定居点集中布局是核心，所有的定居点都是围绕集中布置展开的。牧民定居点主要集中在山地区域，少量定居点安置到平原的农业区，布局方式上有一定区别。

"大分散、小集中"：从规模上说基本上一个定居组团等同一个定居点。定居点（组团）多集中到条件相对较好的自然行政村，这些自然村一般由早期的冬季牧场发展而成。定居点（组团）规模一般较小，一般由 10 ~ 15 户组成，1 ~ 2 个定居点（组团）集中起来，在自然村建设一些基本的基础设施，如变电站、道路及配种站、药浴池、兽医站等，但是医疗、教育、商业服务设施缺少。这样的自然村因相互距离远，故形成了"大分散、小集中"的布局方式。传统定居点一般都是这种形式（见图 3-10）。

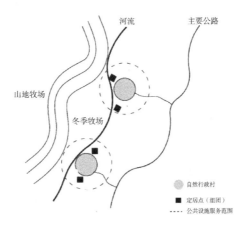

图 3-10 "大分散、小集中"型牧民定居点布局形式图

"小分散、大集中"：这类定居点规模一般比较大，由几个定居点或定居组团组成。通过整体搬迁的方式，异地新建定居点，这些新牧民定居点多集中到基础条件比较好的区域，如乡镇、县城等周围，这些区域一般基础设施条件较好，往往是沿牧区的主

要公路及河流形成并发展起来，具有一定的规模。定居点直接利用这些区域的大型公共基础设施或者在其周围建设初级的公共服务区域中心，通过初级服务中心与大型服务区连接。定居点规模由 20 ～ 30 户或 40 ～ 50 户组成，3 ～ 5 个定居点（组团）集中布置，总规模一般不超过 200 户。与乡镇和县城形成一定的体系，也为后期定居点的建设提供条件。生态移民定居点主要是这种布局形式（见图 3-11）。

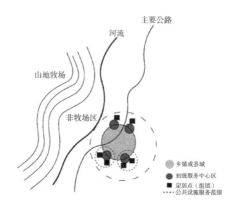

图 3-11 "小分散、大集中"型牧民定居点布局形式图

除上述两个以牧民为主的定居点外，另外还有一些牧民由山区搬到平原的农村，进行种植业和养殖业等生产，形成了"插花式"的定居点布局（见图 3-12）。这种方式由政府给牧民在现有农区内部划出一定数量的耕地，协助牧民修建住房和牲畜圈舍，接纳牧民到农区定居，组织他们从事农业生产，不再从事牧业活动。这种定居方式可直接利用农村现有的基础设施，牧民实现较高的生活水平，但是这部分牧民逐渐已转成农民，数量不多，不在本次研究的范围内。

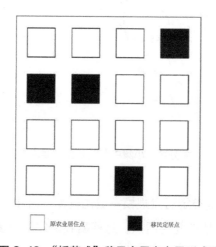

图 3-12 "插花式"移民定居点布局形式图

此外，传统定居点和生态移民定居点虽都处于该牧区中，但与牧场的距离不同，传统定居点多是由处于冬季牧场的早期聚落发展而成，因此更靠近牧场。生态移民定居是以保护牧场生态环境，减轻牧场畜牧压力，改善牧民生活条件，实现牧区现代化发展为目的的政府主导行为，故牧场、传统定居点及生态移民定居点具有一定的区别，同时形成不同的聚落类型特征（见图3-13）。由此，牧民定居点的聚落形态布局形成又可以分为：近场分散饱和型和远场集中发展型两大类。

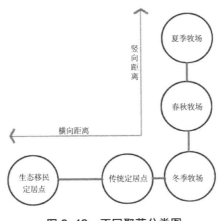

图 3-13　不同聚落分类图

（1）近场分散饱和型

这类聚落布局，以靠近牧场，近水背风向阳的山谷地和坡地为主要位置。因为要靠近牧场满足牲畜的足够的用草，不产生竞争，故聚落规模小，户数不多，建筑用地相对宽松，形式简单。沿着河流流向进行布局，形成线状特征。同时草原的载畜量是固定的，往往不会再增加畜群和牧户数量，呈现出饱和的状态。

（2）远场集中发展型

这类聚落布局，都是政府经过论证和规划后，选择远离牧场、交通方便、基础设施条件好、易于持续发展的地方。这些地方常在县城或者是乡镇所在地，具有不同的地形条件，山地和河谷都有，水源条件也比较好。一般以带状沿路或沿水布局，部分场地平坦的多为围合组团布局，无论哪种都具有集中性，具有中心区域，能形成完整的聚居点和街区，更符合现代城市布局方式。

3.1.3.3　空间形态

祁连山北麓牧区牧民定居点的聚落空间形态受到牧场位置及对应的生产生活状况、季节气候特点、地形特点等因素的影响。聚落类型决定了空间形态特征。

该牧区传统牧民定居点聚落规模小，多为牧户自发聚集而成。建筑和道路布置呈现出自由无序的形态，民居沿水近路，避风向阳，随形就势，建造不整齐。定居点内公共性的建筑少，主要场地留给牲畜作为活动空间，住所以简易和实用为主。聚落空间形态呈自由式分布，这种自由式聚落符合游牧生产生活方式，也适宜于山区地势。但是这种聚落自我性强，公共性弱，不利于公共服务设施的建设。

生态移民定居点聚落规模相对较大，由政府主导进行规划设计，聚落空间形态呈山地环境下的规整式特征，结合山地地形对居住建筑和公共建筑进行有序规整式布置，河流、道路与建筑之间设置统一的过渡地带。定居点内可布置更多规模较大的公共服务设施，并预留相应的发展用地，具有较好的人居环境，符合现代社会发展要求。

按照牧民定居点聚落空间形态分为带状式和团状式。

（1）带状式

山地草原牧区牧民定居点呈带状聚落空间形态，或因靠近水源而沿河道伸展，或沿公路等交通线路两旁分布（见图3-14）。其优点是取水和交通方便，在尽可能靠近牧场的同时又可以增加与其他地区便捷的联系，不但可以满足放牧又方便其他配套产业活动。带状式聚落受建筑用地限制较少，户均占地面积较大，有时一个聚落往往拉长至几公里。带状聚落形态更适合牧民长期居住，常见于传统牧民定居点和乡镇型生态移民定居点。

图 3-14　带状聚落

（2）团状式

组团式分布，若干个定居组团组成大定居点。这些组团的界限明显，组合关系明确，有完整的道路系统（见图3-15）。这种聚落一般有一定的规模和历史，在内部往往有一些重要的建筑或场地，例如政府机关、寺庙、商贸市集等，被其他建筑呈团状依附于周边，而这些依附建筑大都集中成组团，组团间分散布置。这种聚落方式常见于县城型生态移民定居点，组团数量多成规模，具有中心广场和大型公共服务设施。

图 3-15　团状聚落

3.2　居住建筑现状

祁连山北麓牧区定居点居住建筑现状见表 3-4。

祁连山北麓牧区定居点居住建筑现状　　　　　　　　　　表 3-4

定居点类型	传统牧民定居点居住建筑		生态移民定居点居住建筑	
居住建筑				
建筑类型	无院落单栋单层建筑	有院落单层土木建筑	并联式院落单层建筑	集合式多层建筑
空间特征	规整的建筑平面	规整的建筑平面	规整的建筑平面；开敞的院落空间；集合式的建筑组合	规整的建筑平面；集合式的建筑组合
阳光间	未设置	部分设置	居住建筑未设置，部分商住房设置	后期住房设有阳台式阳光间
建构特征	砖土材料的墙体承载式——砖土房屋	砖土材料的墙体承载式——砖瓦房屋	砖土材料的墙体承载式——砖混房屋	钢筋混凝土材料的框架承载式

3.2.1　建筑类型

牧区牧民定居点居住建筑类型存在一定差别，根据不同时期各类定居点的特征，可分为以下四种。

（1）单栋单层建筑

传统牧民定居点现有居住建筑形式主要是单栋单层土木住房（见图3-16）。这些固定住房由早期"冬窝子"内牧民修建的石块住房逐步发展演变而成，牧民定居后在传统定居点主要以生土民居和砖木民居为主要形式，视经济条件有的有院墙有的无院墙，没有统一的标准。有院子的民居院门朝南开，院内除了住房、灶房、堆放杂物的房屋，还有各种畜圈（包括有篷和无篷的羊圈、牛圈）、草圈（用来储备冬季饲草）等。没有院子的民居，在房屋周围有一些用石块或土坯砌成的矮墙或树枝条编成的篱笆，用来圈养牲畜。

图3-16 单栋单层土木住房

县城周边有少量乡村是由外来的汉族群众移民到牧区定居下来而形成的，这部分汉族群众人口数量不多，通过与当地少数民族牧民联姻逐渐融合，也从事畜牧生产。他们把汉式的四合院引入牧区，形制和北方常见的汉式民居一样，坐北朝南，正房向南，东西两侧建有厢房。内院成规整的方形，院门开在北面。房屋形式为双坡屋顶砖瓦房，早年建造的以生土作为外墙，后来逐渐采用砖砌外墙（见图3-17）。因此，传统定居点单栋单层居住建筑与当地汉族农村传统住宅基本一致，只是少部分建筑没有院落。

图3-17 有院落单层土木住房

（2）并联式有院落单层建筑

这类居住建筑主要建在乡镇级牧民生态移民定居点，由政府统一设计施工建成后交付给牧民直接使用。建筑一般是两户以上水平方向连接的并联式单层住宅，每户设有独立的庭院。这类建筑与汉族移民新村住宅相近，

　　该牧区这类居住建筑以两户相连方式居多，例如肃南县康乐乡牧民定居点新建定居住房（见图 3-18）。居住建筑本身一般根据具体建设用地位置和建筑面积大小，采用单户独立或者两户相连的方式。相对单户独立式，两户相连的方式更加经济，同时更容易增进邻里之间关系，建筑体形系数更小。

图 3-18　并联式有院落单层建筑

（3）集合式多层建筑

　　这类居住建筑主要建在县城牧民生态移民定居点及部分条件较好的乡镇定居点。这类建筑多为近几年新建的牧民定居住房，类型样式和城市普通多层住宅基本一样，建筑层数不超过 6 层，套内户型以两室两厅一厨一卫为主（见图 3-19）。建筑具有集中式供暖系统和完整的上下水系统，牧民居住在室内生活条件好，生活更加便利。考虑到建筑的建造成本，一般这类建筑与城市中的安置性住宅标准接近，以保证定居牧民达到小康居住生活为前提。

　　县城移民定居点靠近县城，市政基础配套设施条件好，交通便捷，不同于乡村，具有城市的特征，因此多层集合居住建筑基本是按照城市多层住宅楼进行设计的，居住条件和标准相对较高，也是城镇化发展下的一种牧民定居建筑形式。

图 3-19　集合式多层住宅

3.2.2 建筑用地

祁连山北麓牧区因气候、地形地貌、生产生活方式、人口数量等原因，牧民在传统牧民定居点自建房屋，并不存在农村宅基地概念。牧民常年四季转场放牧，对于固定房屋数量及面积的要求不高，加之"大分散、小集中"的定居形式，居住建筑的用地随意，一般只要不影响河流、道路及其他牧户房屋，可以自主在定居点空地上建造房屋，属于无建筑用地控制的牧民自发式建设活动（见图3-20）。

图 3-20　传统牧民定居点建筑用地状况图

生态移民定居点由政府"统规统建"，建设之初由专业的人士进行科学的研究和分析后进行专业的规划。因为定居点有定居牧户总数量的控制要求，所以每个定居点内居住建筑用地一般都是从整体居住组团出发选择用地范围，或是根据总建筑面积要求选择用地范围。建筑用地没有明确的标准，根据定居住房类型的不同在定居点内的空地建设。定居点内每个居住组团整体布置有序，但每栋建筑用地范围存在一定的差别，定居牧户定居住房所占用地面积并不统一。其中并联式院落单层建筑，对每户的标准住房的前院统一规定了长度和范围，对侧院和后院没有明确要求，基本以具体用地情况而定。集合式多层建筑只有整栋建筑的用地控制和组团的规划布置（见图3-21）。

图 3-21　生态移民定居点建筑用地状况图

3.2.3 空间特征

（1）规整的建筑平面

本牧区牧民定居点内的现有各类居住建筑平面规整一般呈条状（见图 3-22）。其中单层建筑，建筑平面形态多呈"一字形"，一般是三间左右，形成中心空间，左右对称，各个房间的布局多为横向排列。按其使用功能确定开间、进深。平面的开间与进深没有模数和标准，通常开间净宽 3 ~ 3.5m，次要房间在 2.5m 左右，进深在 3 ~ 5m。传统牧民定居点的单栋单层住房，内部房间有的卧室、客厅、厨房集中在一间；有的将厨房与其他房间分开形成两间；最常见的就是中间是客厅兼厨房，两边是卧室的三间布置。

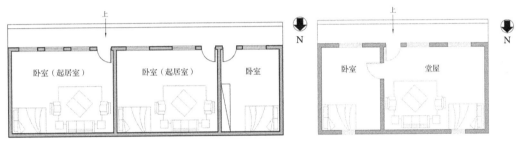

图 3-22　传统定居点住房平面图

生态移民定居点内的新建并联式院落单层建筑，内部房间也是横向三间，中间是客厅和餐厅，卧室布置在左右两边，厨房和卫生间分别布置在卧室后面。建筑内部分区明确，有独立的卧室、客厅、厨房、卫生间，将会客、起居空间、睡眠空间、做饭空间进行了分离，室内独立的卫生间使牧民定居后具备了现代居住生活条件，同时居住生活水平得到显著的提高（见图 3-23）。

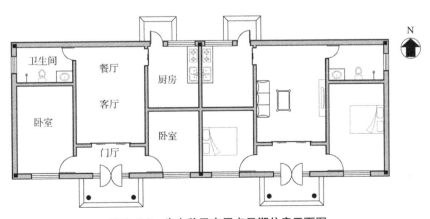

图 3-23　生态移民定居点早期住房平面图

多层建筑整体呈"一字形"条状，采用2～3个单元组合。整个建筑采用标准的模数化开间和进深，按照轴线尺寸并结合内部各房间功能，进行统一整合。集合式多层建筑每户有独立的入户门，室内空间布局前后通透，设有主卧室和次卧室，相对独立的客厅（起居厅）及餐厅，厨房和卫生间独立布置，一般只设前阳台不设后阳台，形成一整套完整和独立的室内居住空间。客厅开间尺寸通常为3.9m，进深4.8m；卧室开间尺寸2.8～3m（见图3-24）。

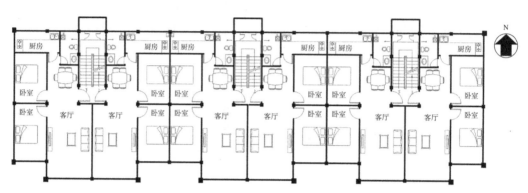

图3-24　生态移民定居点多层楼住房平面图

（2）开敞的院落空间

牧村的少数民族院落与一般汉族的农村院落不同，各户的院落没有过多传统伦理文化的内涵，也不具备农民生产生活方式对院落的多重功能的要求。游牧时期和早期的半定居时期，祁连山北麓牧区民居几乎没有院落。院落只是牧民在传统定居点才逐渐形成和普及的，伴随着定居后生活内容的增多，牧民自我家庭意识的不断增强，院落空间给牧民家庭带来了生产生活上的便利，牧民才习惯了独立的家庭院落。

传统定居点牧民民居院落，通常只有围合和限定外部场地的作用。牧民自古有草原就是家，四季移动的生活不可能在一个位置固定修建完全封闭围合的院落。即使牧民定居后，院落空间的规模有限，功能要求单一。因此，一般少数民族牧民的院落围合更源自牲畜圈的开敞方式，采用矮墙通透的形式（见图3-25）。院墙高度通常都不会超过一人高，即1.2～1.5m，所用材料也是就地取材，使用草原的树枝、石头、生土建成，便于看到外部情况，而且也不遮挡照射房屋的阳光。院落的宽度通常与住房的面宽一致或一侧多一个人的宽度。汉式四合院式定居住房受到农耕文化的影响，使用人群基本都是迁入的汉族群众，院落空间一般高大封闭，这类院落在牧民传统定居点内很少。

图 3-25　传统定居房院落

　　生态移民定居点的新建单层定居住房采用并联的院落形式。定居后牧民生活空间
与生产空间分离，院落中生产对外部空间要求较少，畜牧工具数量少，基本都存放到
畜舍，很少在居所放置，现有的院落主要是停放一些交通工具，如摩托车和小型的运
输车，牧民院落以生活活动需要为主要功能空间，例如各种生活燃料储存空间和生活
杂物放置空间等。院落的形式也是采用金属栏杆围合，开放通透（见图 3-26）。而集
合式多层建筑，每户不再设有独立的院落，牧民的生活杂物放到地下室，交通运输工
具则放到每栋楼下的场地，形成一种公共、开放型的不围合院落空间。因此，在符合
牧民生产生活方式的前提下，合理利用室外场地空间，是牧民定居点居住建筑设计中
重点考虑的内容。

图 3-26　生态移民定居房院落

（3）阳光间布置

　　调研中发现所有定居点居住建筑中，并未专门设置附加阳光间。传统定居点中的
早期的土木房因经济和技术有限没有阳光间；后期建设的部分砖混住房中设置了外廊
式阳光间，但缺少实用及统一的技术标准，没有完全推广。生态移民定居点中早期的
定居住房中未设置阳光间，只有个别沿街二层商住房有阳光间；后期建设的多层住宅

楼由于结构形式的变化，出现了阳台式阳光间形式，但并未有针对性的相关设计（见图 3-27）。

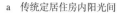
a　传统定居住房内阳光间　　　b　生态定居点商住楼阳光间　　　c　生态移民定居点住宅楼阳光间

图 3-27　定居房阳光间

（4）集合式的建筑组合

生态移民定居点建设都是由政府主导下采用"统规统建"的方式，从节地、节能、节材的要求出发采用集合式的建筑组合方式。并联式院落单层建筑和集合式多层建筑体现出横向集合及竖向集合的建筑形式。

并联式院落单层建筑，主要建在乡镇级牧民生态移民定居点，由政府统一设计施工建成后交付给牧民直接使用。建筑一般是由两户或两户以上水平方向连接的集合性单层住宅，每户具有专有的庭院。相对单户独立式，多户相连的方式更加经济同时更容易增进邻里之间关系、建筑体形系数更小。如肃南县康乐乡牧民定居点新建定居住房，根据具体建设用地位置和建筑面积大小，采用两户相连的方式。建筑朝向以获得更多向阳时间为目的，结合地形进行有序的布置，在用地宽松和阳光遮挡少的平地，建筑采用南北排列布局，而在用地紧张且阳光遮挡较多的台地，布局依据地形向阳布置。

县城牧民生态移民定居点内的集合式多层建筑，为近几年新建的牧民定居居所，和城市普通多层住宅基本一样，考虑到建筑的建造成本，一般这类建筑与城市中的安置性住宅标准接近，以保证定居牧民达到小康居住生活为前提。建筑层数不超过 6 层。每栋建筑为条形住宅，呈南北向前后排列，设有单元入户门，每个单元每层为一梯两户布置（见图 3-28）。

图 3-28　多层定居住宅楼入户图

这两种集合式定居建筑具有节约土地、容积率高、室内环境好及符合现代居住生活的优点，也基本满足了牧民定居后生产生活的需要，特别是在牧民现代生活方式下对居住空间的要求得到有效的提高。

3.2.4 建构特征

定居点现有居住建筑的建构方式主要是土木砌筑搭建，包括单层和多层建筑形式。

（1）砖土材料的墙体承载式

传统牧民定居点中的所有单层居住建筑、生态移民定居点的并联式院落单层居住建筑及早期修建的多层建筑都采用各类砖土为砌筑材料，采用墙体承重的结构方式。

生土房屋：房屋基础用毛石片砌筑 0.6 ~ 0.8m 深，毛石基础上有的砌筑三层砖，用来防止墙体受潮。墙体分为夯土墙和土坯墙，夯土墙是用一层土一层草搭架夯砸而成。此法筑成的墙体整体性好，承载力较高。土坯墙由土坯砌成，土坯由塑性状态的泥料模筑而成。阴干后可用平砌、立砌的方法砌筑。外围护墙体厚 500 ~ 600mm，内隔墙厚 300 ~ 400mm。墙体表面抹草泥层或白石灰砂浆。门窗多为单玻木质，门窗洞口位置集中在向阳的开间方向的一面墙，其他方向的墙面没有洞口。屋顶为草泥屋面，形式多为不带女儿墙的悬挑平屋顶（见图 3-29）。

图 3-29　生土房屋现状图

砖土房屋：房屋基础较浅，毛石基础一般深度在 1m 以下。外墙内侧用 250 ~ 300mm 厚的土坯砌筑，外墙外部用 240mm 厚的红砖砌筑，或者是外墙的局部（四个转角、墙体的底部与顶部）用砖砌筑，其余部分用土筑[①]。门窗为单玻木质，门窗洞口位置集中在向阳的开间方向的一面墙，其他方向的墙面没有洞口。屋顶用檩条、椽子构成木架，铺草席，上抹草泥。部分房屋室内做了吊顶，用金属丝从内部吊挂架子并抹灰或贴纸张（见图 3-30）。

砖瓦房屋：这类房屋以毛石为基础，毛石基础一般深度在 1m 以下。外围护墙体是370mm 厚的红砖砌墙，内墙 240mm 红砖砌。门窗为单玻木质或双玻铝合金框，门窗

① 刘铮、刘加平.蒙古族民居的热工特性及演变 [J].西安建筑科技大学学报（自然科学版），2003（02）：103-106

图 3-30　砖土房屋现状图

洞口位置集中在向阳的开间方向的一面墙，两侧山墙不开窗洞，背面开间方向的墙面设有小高窗，用于室内通风。屋顶用木屋架，屋面表层铺红瓦，室内多有木板条抹灰吊顶（见图 3-31）。

图 3-31　砖瓦房屋现状图

砖混房屋：砖混结构是指建筑物中竖向承重的墙、附壁柱等采用砖或砌块砌筑，柱、梁、楼板、屋面板、桁架等采用钢筋混凝土结构[1]。生态移民定居点政府统一施工建造的早期定居建筑采用的是砖混结构。

肃南县康乐乡定居点并联式院落单层居住建筑的基础深度低于当地的冰冻线，承重外墙是 370mm 厚的砖砌墙，承重内墙是 240mm 厚砖砌墙，内隔墙由 180mm 或 120mm 厚砖砌。外墙用普通乳胶漆刷涂。门窗为双玻铝合金框，根据室内房间功能，主要在向阳的开间方向开门洞，后面墙面开始只开一个门洞方便进入后院。屋顶板和门窗过梁皆用钢筋混凝土筑成。屋顶为双坡铺红瓦，屋面上铺设炉灰渣等保温层和沥青油毡防水层，室内用木板条抹灰吊顶（见图 3-32）。

肃南县县城移民定居点早期修建的集合式多层建筑，砖砌墙作为外围护墙体，外墙厚 370mm，内墙厚 240mm，外墙涂料为普通乳胶漆刷涂，墙体保温采用外墙内保温设计。住宅楼设有地下室，出地面 1.1m，用仿石砖贴面。每户中，南向窗户为双玻

---

[1] 王占杰，王芳霞. 多层砖混房屋在施工中常见的问题及应对措施 [J]. 科技信息，2008（31）：471-482

图 3-32　砖混单层房屋现状图

铝合金窗，北向常采用卧室外窗面向厨房间接采光，厨房外窗为单玻铝合金窗。住宅楼的屋顶为平顶带女儿墙，通过雨水管进行屋面有组织排水，屋面上铺设炉灰渣等保温层和沥青油毡防水层（见图 3-33）。

图 3-33　砖混多层房屋现状图

（2）钢筋混凝土材料的框架承载式

生态移民定居点后期修建的集合式多层建筑，采用钢筋混凝土框架结构。与早期多层建筑不同之处包括：采用现浇混凝土框架结构，建筑稳定性增强，墙体只作为维护结构，采用了空心砖填充，墙体保温全部采用外保温设计。室内空间布置更加灵活，相比早期定居楼开窗面积受到限制较小，后期的定居楼向阳面开设了大面积的封闭阳台，提升了室内环境（见图 3-34）。

图 3-34　框架单层房屋现状图

3.2.5　室内物理环境特征

祁连山北麓牧区传统定居点和生态移民定居点中，无论是牧民自建还是政府统建的各类定居住房，在建筑安全、空间形态、建造方法上都在不断地提升和改进，并随着经济水平的提高以及政府的投入，建筑外在的美观性也得到改善。但建造定居住房时对草原生态环境相关建筑技术认识不够，一些地区性传统建筑技艺没有得到有效传承，特别是对冬季建筑室内环境状况缺少科学的认知，缺乏定性定量的建筑物理环境分析研究。为了更好地了解当地牧民定居点居住建筑的室内热环境状况，以肃南县的一个传统定居点和两个生态移民定居点内居住建筑为例，笔者通过对新旧不同类型定居建筑的室内热环境进行现场测试分析，发现其可能存在的问题。并通过实地调查对建筑空间布局方式、建筑的围护结构以及建筑中阳光间的设置对室内热环境产生的影响进行了分析，为本书后续的建筑模式研究提供客观的科学依据。

本书选取甘肃省肃南裕固族自治县三类典型建筑进行测试分析。肃南县地处河西走廊南部祁连山北麓，位于北纬 37.28 ~ 39.49°，东经 97.20 ~ 102.13°，总面积 23887km²，在行政上隶属于甘肃省张掖地区。由东部皇城区，中部及西部马蹄、康乐、大河、祁丰区和北部明花区 3 块不连续的地域组成，其中明花区属于平原荒漠，其余均为山地（占总面积的 90%）[①]。全县海拔在 1327 ~ 5564m 之间，平均海拔 3200m，属高寒半干旱气候，冬春季寒冷而漫长，夏秋季凉爽而短暂，年平均气温 3.6 摄氏度，日照时数 3085 小时，无霜期 83 天左右[②]。肃南县是一个以牧业为主的县，牧场面积较大，是典型的山地草原牧区，从事牧业的人口较多，牧民基本都定居在各类定居点内。

课题组分别于 2011 年 7 月、2012 年 2 月、2015 年 1 月到 3 处定居点进行现场测试。分别是传统牧民定居点——大河乡喇嘛坪村；生态移民定居点（县城型）——肃南县城；生态移民定居点（乡镇型）——康乐乡榆木庄。

（1）大河乡喇嘛坪村

1）测试对象基本信息

测试房 A 为牧民自建的合院式单层建筑（见图 3-35）。该房建于 1986 年。建筑呈一字形，南北布置，正面向南。外墙为砖土墙结合，三面土墙一面砖墙（正立面为砖墙外贴装饰瓷砖，两侧山墙和北面为土墙，内隔墙为砖墙）。砖墙厚 240mm，土墙厚 300 mm。屋顶均为木檩体系（上为 1.5 ~ 2cm 望板，卧泥 3 ~ 4cm，红机瓦铺面）。外窗均为 1.65m×1.45m 的双层玻璃木窗。

---

① 张勃，郝建秀，张凯.山地草原牧区生态环境的可持续发展研究——以张掖地区肃南县为例 [J]. 草业科学，2004（04）：16-20

② 中国·肃南裕固自治县人民政府门户网站 [M]，2018

a　建筑外景　　　　　　　　　　　　　　　　b　建筑外窗

图 3-35　测试房 A 概况

2）测试方案

测试时间从 2012 年 2 月 12 日 11 时至 14 日 18 时，采用连续记录。

室内测点"A-1"为卧室、测点"A-2"为客厅，室外测点放在内院开敞处。室内外温湿度测点设置高度距地面 1.5m，各测点的平面布置见图 3-36。具体的测试工具及数据采样情况见表 3-5①。

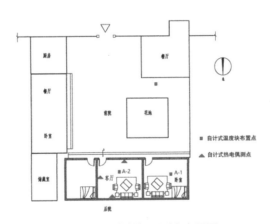

图 3-36　测试房 A 测点布置图

测试工具及数据采样情况　　　　　　　　　　　　　　　表 3-5

测试内容	测试工具	数据采样范围、间距和方式
室内外空气温度、湿度	自记式温湿度计（175-H2: 操作温度为－20.0 ~ 70.0℃，精度为 ± 3.0%，分辨率为 ±0.1%)	2 月 12 日 12：00 ~ 14 日 12：00，每 10 min 自动记录 1 次
室内西南向内外墙壁温度	热电偶测温仪（CENTER 309: 量程为－200 ~ 1370℃，精度为 ± 0.3% rdg+1℃)	2 月 12 日 17：00 ~ 14 日 17：00，每 30 min 自动记录 1 次
太阳辐射强度	TBQ-DT 太阳辐射电流表（测试范围为 0 ~ 2000W/m²，精度为 < ±1W/m²)	2 月 13 日 7：00 ~ 19：00，每 10 min 自动记录 1 次

① 张磊，刘加平，杨柳，王登甲.西部山地草原地区典型民居冬季热环境测试研究——以肃南喇嘛坪村为实测对象 [J].四川建筑科学研究，2014（03）: 314-316

3）测试结果分析

室内外空气温度：图 3-37 给出了卧室（A-1）、客厅室内（A-2）及室外（A-3）空气温度的测试结果。室外空气温度波动幅度较大，日较差 13.9℃，最高气温 -0.92℃，最低气温 -14.82℃，平均温度 -8.8℃。可见传统定居点室外气候非常寒冷，这将直接影响室内的温度。

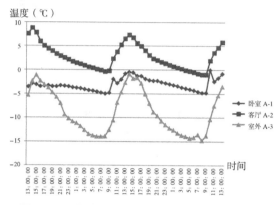

图 3-37　传统牧民定居点测试房 A 室内外温度

客厅是昼间的主要活动场所之一，面积 33.8m²，其东墙与东侧的主卧室相隔，东侧主卧室白天由一只煤炉采暖。夜间采暖炉基本不运行，所以南客厅室内空气温度受到其东墙影响，但温度相对不高。客厅室内平均空气温度 2.67℃，峰值 8.74℃，谷值 -1℃，日较差 9.74℃。卧室属于客人卧室带有起居功能，测试期间未有人使用，面积约 30m²，平均空气温度 -3.1℃，最高气温 -0.49℃，最低气温 -4.82℃，日较差 4.33℃。室外空气温度最高值出现在 14∶00 左右，室内两个房间的最高值几乎都出现在 14∶00 左右，说明土砖砌墙的蓄热能力较差和温度无延迟效应[①]。因为东侧墙原因，客厅白天室温明显高于卧室。在夜间两个房间温差变小，但客厅仍高于卧室，其原因是白天的东墙传导热量使得墙体积蓄一定热量，这些热量在夜间向室内辐射。间歇式侧墙传导热量使得客厅气温波动较大，达到 9.74℃。但是能够发现，侧墙传导热量在夜间只能够使房间维持在 0℃ ～ -1℃左右，比不采暖房间高出 4℃，说明烧结普通砖外贴瓷砖墙保温能力不足，需要采用必要的节能措施。

室内外空气湿度：图 3-38 给出室内外空气相对湿度的实测结果，由图可知，室外湿度 15 时达到最小值 16.2%，22 时达到最高值 67.4%，波动幅度较大，平均相对湿度为 41.5%。

客厅平均相对湿度为 15.5%。客厅的平均湿度反映了传统民居建筑在冬季室内无

---

① 刘大龙，刘加平，何泉，翟亮亮. 银川典型季节传统民居热环境测试研究 [J]. 西安建筑科技大学学报（自然科学版），2010（01）: 83-86

直接采暖只依靠一面侧墙间歇式传导热量情况下的室内湿度状况。南卧室平均相对湿度为18%，略高于卧室，变化范围较小，较为稳定。卧室的平均湿度反映了传统民居建筑在冬季不采暖情况下的室内湿度状况。从本次测试结果上看出，这种在烧结普通砖砌墙外贴瓷砖的典型民居在冬季室内湿度相对比较低。

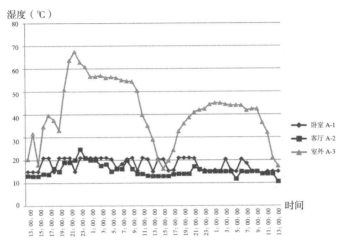

图 3-38　传统牧民定居点测试房 A 室内外湿度

这类典型的民居建筑围护结构的主体由生土和烧结普通砖砌墙加外贴瓷砖，南面由于采用烧结普通砖属多孔介质，其蒸汽渗透阻力相对小，湿气能从分压力大的一侧向分压力小的一侧扩散，具有一定的调湿能力。但是外贴瓷砖属于低孔材质，调湿能力很弱。室外空气很难从外墙瓷砖渗透进来，瓷砖起到了阻湿作用。因此这类建筑不容易出现室内湿度过大的现象，所以这类民居也不容易发生潮湿现象。此外这类民居建筑外墙采用瓷砖贴面，只要门窗密闭性好，就不容易造成冷风渗透，室外高湿的冷空气很难进入室内，不会增大室内湿度从而降低室内空气温度。因此提高房间的密闭性，是保持室内湿度、提高室内空气温度、改善室内热舒适性的重要途径和措施。

太阳辐射强度： 太阳辐射数据见图 3-39，太阳在北京时 8：00 左右升起，19：00 完全日落，日照时间 11h，日照时间内太阳总辐射平均强度约 0.41kW/m²，峰值为 0.85kW/m²，出现在北京时 12：00。说明当地具有丰富的太阳能资源，因此在建筑中可更多地融入被动式太阳房设计策略，利用自然能源作为肃南当地民居采暖的部分能源，此策略还可使民居设计产生新的设计方向。

壁面温度与平均辐射温度： 通过对测试房南向客厅的室内壁面温度测试，发现客厅的壁面温度均较低，四壁温度较接近，东面墙、顶面和南面墙的温度稍高（相差约2℃）。较低的壁面温度会对人体产生辐射吹风感，令人感觉不舒适。

使用平均辐射温度 MRT（Mean Radiant Temperature）公式对数据进行计算：

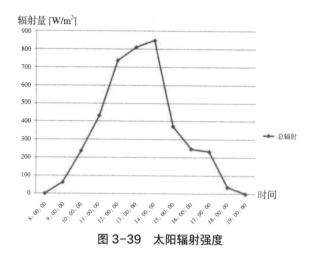

图 3-39　太阳辐射强度

$$MRT = \frac{\sum A_n T_n}{\sum A_n}$$

式中，A_n——各表面可以看到的面积；T_n——该表面温度。

得到南向客厅房间平均辐射温度日间变化（见图 3-40），房间的平均辐射温度在受测时间内较低，基本在 1 ~ 5℃，与室内温度相差 2℃，室温和辐射温度均较低。当地冬季民居若要满足热舒适要求，辅助采暖设施是必要的[①]。

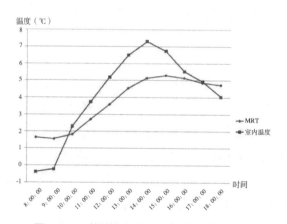

图 3-40　传统牧民定居点测试房 MRT 图

（2）肃南县城

1）测试对象基本信息

测试房 B 为政府统建的集合式多层建筑（见图 3-41）。该住宅楼为 6 层砖混结构，

① 张磊，刘加平，杨柳，王登甲.西部山地草原地区典型民居冬季热环境测试研究——以肃南喇嘛坪村为实测对象 [J].四川建筑科学研究，2014（03）：314-316

2006年建成并入住。住宅楼外墙厚370mm,内墙厚240mm,外墙涂料为普通乳胶漆刷涂,墙体保温采用外墙内保温设计,但只在南向外墙做了保温层,北向、东向、西向外墙未做保温层[①]。该住宅楼户型为两室两厅,建筑面积约80m²/套;供暖采用地辐射分户供暖方式,每户基本都使用太阳能热水器。测试户内,地面为现浇地暖垫层毛面200cm,上铺10mm厚20cm×20cm防滑地砖。窗户为南向客厅240cm×150cm、卧室150cm×150cm、北向厨房150cm×150cm的双层玻璃铝合金窗。北向卧室外窗面向厨房间接采光,为150cm×150cm的单层玻璃铝合金窗。钢制防盗入户门1.0m×2.1m。

a 建筑外景   b 建筑内景

图 3-41 县城定居点测试房 B 概况

2)测试方案

测试时间从2012年2月13日11时至15日18时,采用连续记录。在具体测试位置上,选取位于二层一套层高2.9m非外墙住宅(之所以选择二层的一套住宅,是因为多层住宅的标准层数量大,总面积占该住宅楼的70%,具有代表性)进行测试。该测试对客厅、南向卧室主要使用空间进行了室内测试,测点设置高度距地面1m,其中客厅测点为B-1、南向卧室测点为B-2,各测点的平面布置见图3-42。具体的测试工具及数据采样情况见表3-6。

测试工具及数据采样情况　　　　　　　　　　　表 3-6

测试内容	测试工具	数据采样范围、间距和方式
室内外空气温度、湿度	自记式温湿度计(175-H2:操作温度为-20.0~70.0℃,精度为±3.0%,分辨率为±0.1%)	2月13日14:00~15日14:00,每10min自动记录1次
室内内墙壁温度	热电偶测温仪(CENTER 309:量程为-200~1370℃,精度为±0.3% rdg+1℃)	2月13日15:00~15日15:00,每30min自动记录1次

① 张磊,刘加平. 山地草原地区城镇住宅楼室内热环境的改善途径——以甘肃省肃南裕固族自治县县城为例[J]. 城市问题,2014(07):48-52

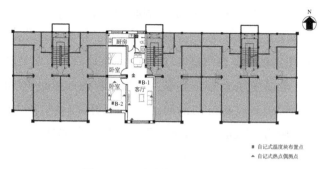

■ 自记式温度块布置点
▲ 自记式热点偶测点

图 3-42　测试房 B 测点布置图

3）测试结果分析

室内外空气温度：图 3-43 分别给出室外、南向卧室、客厅 48 小时逐时温度测试结果。室外空气温度波动幅度较大，日较差 25.2℃，最高气温 10.1℃，最低气温 −15.1℃，平均温度 −6.4℃。可见县城生态定居点室外气候温差非常大，这将直接影响建筑室内的温度。

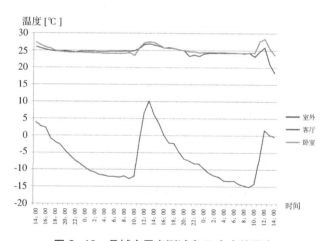

图 3-43　县城定居点测试房 B 室内外温度

客厅面南向阳，室内平均空气温度 24.6℃，峰值 26.9℃，谷值 18.4℃，日较差 2.4℃。卧室面南，平均空气温度 25℃，最高气温 28.4℃，最低气温 23.7℃，日较差 4.7℃。室外空气温度最高值出现在 13:00 左右，室内两个房间的最高值几乎都出现在 13:00 左右，说明南向砖砌外墙的蓄热能力无延迟效应。但客厅与卧室只有南向一面是外墙并采用了保温层，室内温度稳定，波动较小，特别是采用 24 小时集中式采暖，室内温度整体偏高。外部温度对室内的影响较低。而客厅因为经常要开门，并在测试第二天房主人开窗透气，导致客厅温度变化比卧室要大。说明集合式多层住宅中间标准层受到外部环境的影响较小，但是集中式的供热燃烧大量能源，产生过多热量，使室内温度过高，浪费了能源又可能导致本地区碳排放量过高。

室内外空气湿度: 图 3-44 给出了室内外空气相对湿度的实测结果,由图可知,室外湿度 13 时达到最小值 7.2%,9 时达到最高值 44.9%,波动幅度较大,平均相对湿度为 30.5%。客厅平均相对湿度为 8.7%,南卧室平均相对湿度为 8.5%,略低于客厅。客厅与卧室的平均湿度基本一致,湿度偏低,反映了新建多层居住建筑在冬季室内采用 24 小时集中式供暖温度过热,导致室内干燥。

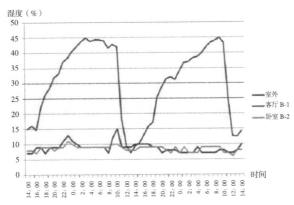

图 3-44 县城定居点测试房 B 室内外湿度

热舒适度分析: 室内热舒适性采用 PMV-PPD 指标评价。利用 CFD 模拟在冬季南向典型的时间点来计算卧室和客厅的 PMV 和 PPD 值,这相当于值 −3℃ ~ 3℃ ASHRAE7 级指标(−3 很冷,−2 冷,−1 稍冷,0 不冷不热,1 有点热,2 热,3 很热)。结果显示,冬季卧室 PMV 值的典型时间点为 14:00,数值为 1.03,室内温度高,不舒适度最高为 27.4%,在舒适范围内;其他时间室内热环境,PMV 低于 0,5:00 时 PMV 值 −0.7,室内凉,不舒适度在 15.4%。客厅 PMV 值的典型时间点 7:00 和 14:00 时,数值在 0 ~ 1,略暖;不舒适度最高为不到 10%,在舒适范围内;其他时间室内热环境,PMV 数值在 0 ~ −1,略凉,不舒适度最高为不到 10%(见表 3-7)。

测试房 B 室内热舒适性采用 PMV-PPD 指标   表 3-7

时间	卧室温度(℃)	客厅温度(℃)	卧室相对湿度(%)	客厅相对湿度(%)	热阻(clo)	代谢率(met)	风速(s/m)	平均辐射温度 1(℃)	平均辐射温度 2(℃)	卧室PMV	卧室PPD	客厅PMV	客厅PPD
07:00	23.6	24.1	14	7	1	1.2	0.3	23.1	24	-0.16	5.6	0.02	5.0
14:00	28.5	26.2	11	8	1	1	0.3	29.0	26	1.03	27.4	0.14	5.4
21:00	24.1	24.8	15	9	1	1	0.3	23.6	24.8	-0.38	7.9	-0.14	5.4
05:00	23.8	24.6	17	9	2	0.7	0.3	23.3	24.4	-0.7	15.4	-0.52	10.6

（3）康乐乡榆木庄

1）测试对象基本信息

测试房 C 为并联院落单层建筑，建于 2005 年，砌体结构，墙体为砖墙，三面外墙一面内墙。外砖墙的厚度为 370mm，外面用普通涂料粉刷，采用外墙内保温。屋顶是木椽系统（板厚 1.5 ~ 2cm，泥厚 5cm，瓦在最上面）。外窗尺寸为 C-1（1.5m×1.5m）；C-2（0.9m×1.5m），都是双层中空玻璃铝合金窗。入户门尺寸为 M-5（2.5m×2.5m），为单层玻璃铝合金门（见图 3-45）。

a 建筑外景　　　　　　　　b 测点布置　　　　　　　　c 客厅及次卧室

图 3-45　测试房 C 概况

测试时间为 2015 年 1 月 20 日 11 点到 21 日 16 点，进行连续记录。具体的测试工具及数据采样情况见表 3-8。

测试工具及数据采样情况　　　　　　　　　　　　　　表 3-8

测试内容	测试工具	数据采样范围、间距和方式
室内外空气温度、湿度	自记式温湿度计（TR-72ui：操作温度为 −20.0 ~ 70.0℃，精度为 ±3.0%，分辨率为 ±0.1%）	1 月 20 日 13：00 ~ 21 日 13：00，每 10 min 自动记录 1 次
室内风速	热线风速仪（TES-1341：测量范围为 0.1 ~ 30 米/秒，精度 ±3.0%，分辨率 0.01 米/秒）	1 月 20 日 13：00 ~ 21 日 13：00，每 10 min 自动记录 1 次

2）测点布置

在具体测试位置上，选择具有代表性的卧室和客厅房间，因为它们是家庭使用时间最长和最主要的空间。测点 C-1 位于南向卧室，测点 C-2 位于南向客厅。测点位于离地面 1m 的位置（见图 3-46）。

3）测试结果分析

室内外空气温度：图 3-47 反映了室内外温度测试结果。一天中，室外最低温度为 −13.9 ℃，出现在早上 7 点，最高温度为 12.2 ℃，出现在 13：00，平均温度为 −1.6℃，平均温度低于 0℃，日温差为 26.1℃。可见乡镇型生态定居点室外气候温差非常大。建筑需要保温，主要是室外冷空气通过建筑外墙传导到内部。

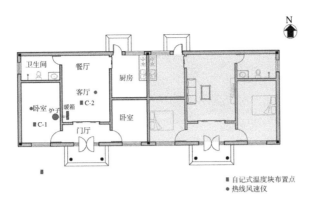

图 3-46　测试房 C 测点布置图

卧室在中午 12 点时温度最高，为 23.8℃；0：00 点时温度最低，为 13.8℃；平均温度为 20.1℃。客厅在 1：00 ~ 2：00 点时温度最高，达到 23.3℃；12:00 点时温度最低，为 8.2℃；平均温度为 21℃。

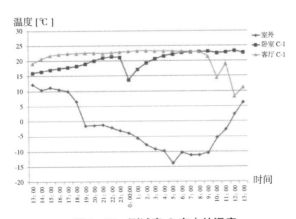

图 3-47　测试房 C 室内外温度

室内外空气湿度：图 3-48 反映了室内外湿度测试结果。一天中室外相对湿度最小值为 16.1%，出现在 17 点，最大湿度值为 58.7%，出现在 8 点，平均值为 35.4%。室外湿度在 8 点达到最大值，是由于阳光照射雪后融化导致的。较低的日平均湿度，说明室外相对干燥。

卧室在 19 点湿度最大，为 36.5%，13 点湿度最小，为 16.2%，平均值为 30%。客厅在 11 点湿度最大，为 31.7%，13 点湿度最小，为 15.8%，平均值为 26.5%。卧室和客厅室内平均相对湿度不大于 40%，室内相对干燥。卧室和客厅最低湿度值在 13:00 出现，此时室内火炉热量大，并且此时室外太阳辐射的热量释放值最大。湿度最大值时的卧室和客厅，此时人们生活活动产生大量的水蒸气在室内，且门窗紧闭。

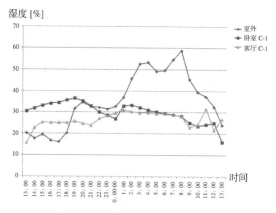

图 3-48　测试房 C 室内外湿度

　　热舒适度分析: 室内热舒适性采用 PMV-PPD 指标评价。利用 CFD 模拟在冬季南向典型的时间点来计算卧室和客厅的 PMV 和 PPD 值, 这相当于 −3℃ ~ 3℃ ASHRAE7 级指标 (−3 很冷, − 2 冷, −1 稍冷, 0 不冷不热, 1 有点热, 2 热, 3 很热)。结果显示冬季卧室 PMV 值的典型时间点为 14:00, 数值为 1, 在舒适范围内, 其他时间室内热环境 PMV 值低于 0, 室内略凉, 不舒适度不高于 30%;客厅在 14:00 时 PMV 值 -2.38, 室内偏冷, 室内热环境最差, 不适度在 90% 以上 (见表 3-9)。

测试房 C 室内热舒适性采用 PMV-PPD 指标　　　　　　　　表 3-9

时间	卧室温度（℃）	客厅温度（℃）	卧室相对湿度（%）	客厅相对湿度（%）	热阻（clo）	代谢率（met）	风速（s/m）	平均辐射温度 1（℃）	平均辐射温度 2（℃）	卧室 PMV	卧室 PPD	客厅 PMV	客厅 PPD
07:00	23	22.9	28.7	28.8	1	1.2	0.3	22.4	22.5	−0.16	5.5	−0.16	5.5
14:00	20.7	16.5	22.8	31.8	1	1	0.3	16.0	20.4	1	26	−2.38	90.5
21:00	22.5	21	23.8	32.9	1	1	0.3	20.5	22.0	−0.7	15.4	−1.2	36.1
05:00	23.2	22.2	29.4	30.2	2	0.7	0.3	21.7	22.7	−0.8	20.2	−1.1	31.2

　　通过对肃南县 3 个不同定居点的居住建筑冬季室内热环境测试, 研究发现本地区牧民定居点居住建筑室内热舒适性能略差。传统牧民定居点单层院落民居因外墙维护结构采用的材料导致建筑保温性能较差。县城型生态移民定居点多层住宅楼, 外墙保温性能较好, 但是室内温度较高并干燥, 并造成能源消耗过高。乡镇型生态移民定居点, 外墙做了保温层, 室内通过炉子加热, 才能保证室内温度, 但缺少对太阳辐射热的充分利用。因此, 现有各定居点各类居住建筑室内热环境都存在一定问题, 室内热舒适性需改善和提高。

　　按照《民用建筑设计通则》(GB50352-2005)[①], 祁连山北麓牧区属于严寒地区中的

---

① 《民用建筑设计通则》.doc 全文 - 建筑图纸 - 在线文档 [M], 2018

ⅦB分区,建筑主要是防寒和保温,让更多的阳光进入室内(见表3-10)。从调查中发现,冬季如果不利用辅助热源,室内不暖,居住者很难达到相对热舒适状态。不暖的原因是该地区冬季室外空气温度较低,寒冷,降雪和冷风对建筑的影响大。相对于砖砌墙体与预制楼板平屋顶楼房,生土类建筑虽然具有热质量较大,热阻和热惰性指标均较大,通过外墙的传热得热量和热损失均较小的优点[①],但是不利用辅助热源,室内仍然不暖,热舒适度低。因此,冬季各类建筑室内必须通过辅助热源,保障室内的热舒适度。各类建筑外墙的热传导性强,缺少保温层、门窗密封性差都是影响建筑室内热环境的重要原因。

不同气候分区对建筑的基本要求　　　　　　　　　　表3-10

分区名称		热工分区名称	气候主要指标	建筑基本要求
Ⅰ	Ⅰ A Ⅰ B Ⅰ C Ⅰ D	严寒地区	1月平均气温≤ –10℃,7月平均气温≤25℃,7月平均相对湿度≥50%	1. 建筑物必须满足冬季保温、防寒、防冻等要求 2. Ⅰ A、Ⅰ B区应防止冻土、积雪对建筑的危害 3. Ⅰ B、Ⅰ C、Ⅰ D区的西部,建筑物应防雹、防风沙
Ⅱ	Ⅱ A Ⅱ B	寒冷地区	1月平均气温 –10～0℃,7月平均气温 18～25℃	1. 建筑物必须满足冬季保温、防寒、防冻等要求,夏季部分地区应兼顾防热 2. Ⅱ A区建筑物应防热、防潮、防暴风雨,沿海地带应防盐雾侵蚀
Ⅲ	Ⅲ A Ⅲ B Ⅲ C	夏热冬冷地区	1月平均气温 0～10℃,7月平均气温 25～30℃	1. 建筑物必须满足夏季防热、遮阳、通风降温的要求,冬季应兼顾防寒 2. 建筑物应防雨、防潮、防洪、防雷电 3. Ⅲ A区应防台风、暴雨袭击及盐雾侵蚀
Ⅳ	Ⅳ A Ⅳ B	夏热冬暖地区	1月平均气温＞10℃,7月平均气温 25～29℃	1. 建筑物必须满足夏季防热、通风、防雨要求 2. 建筑物应防暴雨、防潮、防洪、防雷电 3. Ⅳ A区应防台风、暴雨袭击及盐雾侵蚀
Ⅴ	Ⅴ A Ⅴ B	温和地区	7月平均气温 18～25℃,1月平均气温 0～13℃	1. 建筑物应满足防雨和通风要求 2. Ⅴ A区建筑物应注意防台风、暴雨袭击,Ⅴ B区应特别注意防雷电
Ⅵ	Ⅵ A Ⅵ B	严寒地区	7月平均气温＜18℃,1月平均气温 0～22℃	1. 热工应符合严寒和寒冷地区相关要求 2. Ⅵ A、Ⅵ B区应防冻土对建筑物地基及地下管道的影响,并应特别注意防风沙 3. Ⅵ C区的东部,建筑物应防雷电
	Ⅵ C	寒冷地区		
Ⅶ	Ⅶ A Ⅶ B Ⅶ C	严寒地区	7月平均气温≥18℃,1月平均气温 –5～–20℃,7月平均相对湿度＜50%	1. 热工应符合严寒和寒冷地区相关要求 2. 除Ⅶ D区外,应防冻土对建筑物地基及地下管道的危害 3. Ⅶ B区建筑物应特别注意积雪的危害 4. Ⅶ C区建筑物应特别注意防风沙,夏季兼顾防热 5. Ⅶ D区建筑物特别注意夏季防热,吐鲁番盆地应特别注意隔热、降温
	Ⅶ D	寒冷地区		

　　总之,各类牧民定居点居住建筑由于采用材料本身性质的不同,普遍存在冬季不暖需要辅助热源的状况。传统牧民定居点大量使用生土建筑,除了取材方便、造价低廉外还具有保温透气性更好的优点。在传统牧民定居点,无论是生土类建筑还是砖砌墙体建

---

① 赵西平, 刘元, 刘加平. 秦岭山地传统民居冬季热工性能分析 [J]. 太原理工大学学报, 2006(05): 565-567

筑都是牧民自行设计或模仿汉式民居自行建造完成的，属于自我性行为。牧民因知识有限，这些居住建筑室内物理环境存在不足，居住的舒适性比较低。而生态移民定居点的新建居住建筑，因都是由政府统一组织设计并建造，科学性和专业性都很强，室内物理环境显著改善。特别是建筑的保温和防风处理上更具先进性和规范性，这也是政府主导下的牧民定居工程在居住建筑上的优越性之一。但同时也要看到，祁连山北麓牧区的经济和技术相对落后，牧民定居点新建居住建筑缺少相应的设计规范和标准，导致大部分新建居住建筑存在因设计不合理，技术落后而产生的能耗高、室内物理环境不是很理想的情况。因此，无论是牧民自建住房因建造者知识的缺陷，还是政府统一建造住房相应适宜技术及设计策略的缺失，都需要我们专业建筑师的科学设计来指导。

3.2.6　建筑用能特征

祁连山北麓牧区牧民定居点居住建筑主要使用生物质能、化石能、太阳能这三种能源。而建筑用能方式则根据不同类型居住建筑略有差别。

（1）生物质能源

当地生物质能源都来自于草原的动植物，主要是牲畜粪便，如晒干的牦牛粪和羊粪，以及来自植物的薪柴（见图3-49）。其中通过干牲畜粪取暖、煮食是牧业生活方式的重要特征之一。这类能源主要是用来取暖和煮饭，利用方式有火炉及采暖系统、火炕等方式。生物质能源具有易燃耐烧的特点，是一种绿色能源。但现在利用的这些能源都是一次能源，直接使用时排放的气味对室内环境造成一定的影响。这种能源主要在传统牧民定居点居住建筑和生态移民定居点并联院落单层建筑中使用。

图3-49　干牦牛粪

（2）化石能源

化石能源包括煤炭、石油和天然气。当地现有常用的主要是煤炭和液化石油气。

利用方式主要有两种，一种是直接使用，例如在火炕及炉灶里直接燃烧煤炭进行取暖、煮食；通过液化气罐连接炉灶进行煮食等（见图3-50）。另一种是经过二次转化后使用，如煤炭通过集中式的供暖锅炉燃烧后，热水经过供热管网进入建筑给各户供热。化石能源是一种不可再生能源，使用后产生碳排放对山地草原环境造成不利的影响，因此应尽量少使用这类能源。这种能源在传统牧民定居点和生态移民定居点各类居住建筑中都是直接使用，通过二次转化后入户供暖的方式主要用在集中式多层建筑。

图 3-50　定居点的煤炭能源

（3）太阳能

该牧区具有丰富的太阳能资源，作为绿色可再生能源非常适合当地建筑使用。当地现有太阳能使用情况主要是牧民住户通过放置屋顶的太阳能热水器为室内提供生活热水（见图3-51）及利用太阳能发电设备获取电能（见图3-52）。而被动式太阳能建筑很少，包括传统牧民定居点和生态移民定居点各类居住建筑中附加阳光间并没有重视并推广。因此，当地具有进一步利用太阳能资源的潜力，可在居住建筑中增加阳光间的设计，使太阳能这种可再生清洁能源在定居点居住建筑中广泛应用。

图 3-51　太阳能热水器的使用

图 3-52　太阳能发电设备

3.3　存在的问题

3.3.1　传统牧民定居点

（1）建造质量差

传统牧民定居点的各类居住建筑，一直都是牧民自我行为下的经验性或借用周边汉式民居的建造方式和方法。这些建造方式和方法缺乏科学的理论做指导，人们对材料的性质等缺乏足够的认识，而且手工劳动本身强度较大，建设周期也较长，施工主要依靠施工人员的经验来把握，质量较难控制，材料选用的主观随意性也较大[①]。例如，生土类建筑因材料强度低，结构整体性弱，抗震能力差，耐久性差等，导致建筑容易出现很多裂缝，甚至倒塌。砖砌墙体的建筑，多采用传统的实心黏土砖砌筑，虽然建筑的质量相比生土类的要提高很多，但因建造水平所限，时间久了建筑会不牢固，墙体开始破碎掉落，安全性相应降低。故传统定居点的各类居住建筑受到施工技术的限制及建筑材料的缺陷影响，建筑建造质量较差，存在安全隐患。

（2）室内外环境差

传统牧民定居点具有一般牧村的特征，缺少统一管理，房屋搭建随意，外部环境脏乱。路面一般都年久失修，经过长期碾压，路面坑洼不平，无法顺利通过。建筑内部，屋顶低矮，顶棚和墙面污浊，导致整个房间昏暗，室内基本没有净污分区，做饭、起居、就餐、睡觉等各项生活活动，往往共处于一两个空间内，室内空气污浊，灰尘弥漫。到了冬季，室内取暖多采用干牲畜粪、柴薪和煤炭，而窗户封闭，更容易造成室内环境污染，直接影响牧民健康。厕所简易，多为旱厕，没有专门的化粪池，粪便污物直接暴露在室外环境中。有些居住建筑直接与畜圈相连，没有过渡区，卫生条件差，牲畜一旦得了传染疾病，很容易影响到牧民的健康。祁连山北麓牧区具有风光秀美的大环境，但是传统牧民定居点的居住建筑室内外环境却与其格格不入，不但对定居后牧民的生活健康带来危害，还直接破坏到整个牧区的景观环境。

---

① 谭良斌.西部乡村生土民居再生设计研究[D]:西安建筑科技大学，2007

（3）建筑空间不能满足现代定居生活需要

随着整个社会的发展，该牧区也发生了巨大的变化，交通和信息技术日益发达，越来越多的牧民接触到外面的现代生活，体验到了各种现代生活的便利和舒适。孩子们学习的内容不断丰富，老人们的医疗需求得到更好的满足，各种现代生活内容进入牧民家庭中，电视等娱乐设施不断普及，各类现代交通工具逐步成为牧民们主要的出行工具。这些内容在传统定居点的居住建筑中考虑不足，没有足够的空间提供给牧民使用，造成了室内更加拥挤和混乱，造成了很多不便。因此现有这些居住建筑的居住空间必须加以改变才能适应现代定居生活的需求。但是这些建筑受到建材和建造技术的制约，以及牧民经济能力有限的影响，房屋的平面、空间、面积受到一定的约束，而在现有建筑的基础上进行改造没有任何实际意义。传统牧民定居点居住建筑将逐渐被淘汰，现代新型的，适应牧民现代定居生活的居住建筑才是广大牧民的最终归宿。

3.3.2 生态移民定居点

（1）暖季定居点"空巢"现象突出

牧民生态移民定居后，高级"牧居分离"的生产生活方式形成暖季放牧与冷季舍饲相结合，产生了"定居轮牧制"。因此，暖季的时候直接进行生产的牧民都到高海拔的草场进行放牧，定居建筑中只留下老人和孩子，整个定居点出现暖季期间的"空巢"现象。暖季放牧期间，调研发现，在联排院落的单层定居建筑居住的老人进出室内外方便，经常到室外活动，与其他老年牧民交流或到社区服务设施办事。而集合式多层定居住房则因为上下楼不便，出现老人经常不下楼或者去定居点自家的牲畜圈居住的情况。

（2）传统乡村聚落特征逐渐消失

通过牧民生态移民政策，祁连山北麓牧区中的原先生活在落后牧村和游牧生活的牧民在政府的帮助下一次性迁移到生态环境较好的地方，保护草原环境的同时又提高牧民生活水平。这一过程由政府统一规划和管理，但是由于时间仓促，致使生态移民定居点的规划及建筑的布置，没有完全考虑到传统牧村定居点聚落的特点和牧民生产生活的特点。政府统一规划的过程中，因缺少详细调研，简单地遵循政策、法规和若干预先制订好的原则进行建设，导致新生态定居点聚落形式呆板，建筑群体布局呈现整齐划一排列，缺乏生机，完全失去了传统牧村聚落在山地河谷环境中错落有致的良好景观特色。

（3）直接照搬城市建筑

牧区政府在生态移民定居点的居住建筑建设上，考虑到降低建筑造价及尽量多安置牧民定居的户数，出现了直接照搬城市的多层住宅楼的方式，包括建筑的样式、户型、空间和材料等（见图3-53）。基本上就是把牧区所属城市的市区现代多层住宅楼，按照原样直接搬到生态移民定居点。牧民定居后需要现代的生活方式，部分定居后的牧民也向往从落后的乡村住房直接搬进城市住宅居住，政府更希望移民定居后的牧民能尽快或直接就过上城市的现代生活，最直接的方式就是住在城市的现代楼房中，一步到位。无论是牧民还是政府出发点都是为了牧民摆脱落后的生活方式，尽快感受现代居住方式，牧民搬入这种"城市"的多层集合住宅楼，有良好的居住环境和现代的家庭设施，每户都有上下水、独立电表、集中供暖，做饭、洗澡都很方便，而且家里环境更加卫生，干净。但是家毕竟不是旅馆，牧民要在住房里生活，而居住水平的提高是要通过建筑空间的合理布局和室内外环境质量的改善来体现。这种居住生活是要符合牧民定居后的生产方式和生活方式。牧民定居后，依然还是牧民，正处于传统畜牧业向现代畜牧业转型的过程中，不可能一下子就像城里人那样居住生活。牧民定居后生产生活方式发生转变，新的生产生活方式下对应的居住空间形态和传统文化对建筑形态的要求，不能简单直接照搬城市建筑的形式。

图 3-53 牧区定居点牧民定居楼

生态移民定居点建筑居住人群的主体是牧民，如何在满足定居后牧民生产生活的需要下，提供一个现代化居住建筑模式，这是需要我们在牧民新建定居建筑设计过程中深入考虑的问题。

（4）建筑空间功能及使用存在缺陷

各类新建定居建筑空间普遍存在着功能及使用的缺陷，主要体现在对牧民定居后生产方式和生活方式的不适应。

新生产方式下，牧民还是从事畜牧业，只是不再进行"游牧"，放牧和牲畜舍饲成为生产活动的主要内容。一些与畜牧相关的生产工具，需要一定的存放空间。虽然大部分用具可以放在牲畜圈旁边的储存房，但是临时性或能存放少量用具的空间在居住建筑中并没有提供，给牧民造成不便（见图3-54）。再有牧民生产使用的交通工具，缺少专门及统一的停放场地，经常是随意停放，显得非常混乱，直接影响到建筑室外空间的通行和卫生状况。

图 3-54　定居房外的生产活动

生活方式改变后，室内功能空间更加细化，具有独立的卧室、客厅、餐厅、厨房和厕所，牧民生活使用上更加方便。但是功能空间对应牧民传统的生活习惯缺少有效的设计，导致生活使用上出现很多不便。例如，牧民习俗上有全家围坐聚餐及迎客的传统，需要开敞大空间，而现有居住建筑客厅开间较小，多以 3.6m 以下为主，在摆放沙发、茶几和电视柜后所剩活动空间较小，不能满足要求。牧民更喜欢"餐客一体"的开敞空间，因此独立的餐厅小空间并不适用。同样，牧民常年饮食习惯以肉食为主，就需要能冷藏一定数量生肉的冰柜，而不是城市居民所用的冰箱。但是现有的室内空间中，无论是厨房还是附近位置几乎没有能放下冰柜的地方，狭小空间给牧民生活带来不便（见图 3-55）。

图 3-55　定居房内厨房空间

（5）传统地域建筑文化传承不足

祁连山北麓牧区地域文化主要反映在牧民传统民居的建筑文化上。传统建筑中的帐篷与固定土木建筑，从结构、材料、形式及建造上有很大差别。牧民大部分都是居住在帐篷生活，在固定的土木建筑中居住时间较短，以满足基本居住要求为目的。其历史相对较短，建筑形式简单，建造水平低，几乎没有什么建筑文化。因此，现有的新建定居建筑从传统固定建筑中难以汲取文化，基本上就是固定建筑的更高级化，只有简单在建筑外墙做一下符号式的文化标签（见图3-56）。但是传统建筑中的帐篷，无论是建筑空间、建筑文化内涵等都具有鲜明的地域特色。新建的定居建筑基本都是现代的实用型建筑，牧区传统民居的地域文化特色不足，需要在牧民定居点新居住建筑设计中着力解决。

图3-56 生态移民定居点居住建筑外墙装饰

（6）建筑能耗大

现有移民定居点的各类新建居住建筑，普遍缺少有效的节能设计，从而造成建筑能耗偏大的问题。例如，建筑没有外墙保温层或者只有局部墙面设有保温层，外墙材料还使用实心黏土砖，导致建筑的防寒性和保温性较差。冬季时，定居点需要提供大量能源给建筑用于室内取暖，而现有新建居住建筑唯一的取暖方式是使用化石能源，其中自家煤炉取暖的住户，需要消耗大量燃煤才能保证室内温度；而燃煤供热作为当地集中供暖的主要方式，暖气入户后家中暖气温度常常过高，室内热舒适度随之降低。除了与集中供热燃烧力度大有关外，还表现在供暖设备的设计和使用上的不合理而造成大量化石能源的消耗。随着祁连山北麓牧区牧民定居工程的不断建设，大量新定居建筑若不尽快解决能耗大、化石能源利用多、清洁能源利用少的问题，将对整个牧区生态环境造成破坏，因此必须加以重视和解决。

（7）建筑技术相对滞后

目前移民定居点新建居住建筑各种技术手段相对滞后，还是以传统的、通用的基本建筑技术为主，一些被广泛应用的新建筑技术使用相对不足。我国很多地区的生态移民工程中，有越来越多的居住建筑将地方材料与现代建筑技术结合，同时还具有良好的经济性。而现有生态移民定居点的新建居住建筑却很少运用这种现代的建构方式，直接影响了建筑的使用和性能的提升。

祁连山北麓牧区具有丰富的太阳能资源，现有建筑只是使用单一的太阳能热水器设备，提供基本生活沐浴用水需要，缺少绿色再生技术应用。特别是冬季满足室内热舒适度的同时又可以有效降低建筑能耗的被动式设计几乎没有。缺少专有的附加阳光间及相关技术。

因此，建筑技术的落后不但直接影响到建筑的使用，还制约了牧区定居工程建设发展，对新居住建筑的可持续性产生不利影响。提高新居住建筑的建筑技术手段和建筑设计水平势在必行。

3.4 小结

本章主要对祁连山北麓牧区牧民定居点居住建筑现状进行了系统的介绍和分析，然后通过实地调研和测试，归纳出以下几点认识：

（1）祁连山北麓牧区牧民传统定居点，处于祁连山国家自然保护区核心区，人类的长期居住活动对保护区的生态环境造成影响，牧民必须移民搬迁到核心区外。从当地生态环境的恢复和保护要求出发，传统定居点应被放弃，生态移民定居点应是该地区唯一的人类聚居活动区域。

（2）祁连山北麓牧区牧民定居是一个系统工程和长期的过程，这个过程是牧民由"游牧"和"游居"的传统生产生活方式向定居后现代生产生活方式转变的过程。牧民定居点居住建筑除了受到当地牧区自然环境影响外，还是基于新生产生活方式下而存在的，牧民新居住建筑必须满足以上两点。

（3）传统牧民定居点居住建筑是牧民自发建造的建筑，这些建筑技术落后、质量差、性能弱，已经难以满足牧民定居后的现代生活要求，随着传统牧民定居点人居环境越来越差及对草场生态环境保护的要求，这些居住建筑将被淘汰。

（4）生态移民定居点的新居住建筑是由政府主导的统一设计施工的现代建筑。建筑技术先进、质量好、性能强，给定居后的牧民提供了一个现代的居住场所，可满足各种现代生活的需要，牧民居住生活得到显著的改善。

（5）牧民新居住建筑由于政府更多考虑定居户数和居住生活标准，而忽视了建筑本身的问题。存在着一些缺陷和不足，如建筑与定居点聚落结合差、功能空间不合理、地域文化缺失、能耗大、技术落后，甚至直接照搬城市建筑等问题，给以保护草原生态环境、改善牧民生活状况和实现现代牧区生产生活为目的的生态移民定居工程，带来了新的问题。因此，在祁连山北麓牧区经济能力承受的范围内和保护草原生态环境的前提下，提出牧民定居点居住建筑设计规范和要求成为亟待解决的问题。

祁连山北麓牧区牧民定居点居住建筑的演变及内涵

4.1 社会变革

祁连山北麓牧区自古以来虽然经历了不同时期的政权统治及各种变迁，但是一直以来都是重要的畜牧生产基地，各族牧民自始至终坚持畜牧为主的生活方式。该地区 1949 年前各族牧民实行部落制度，家庭与家庭之间以血缘为基础联合组成大部落。1949 年后按照土地制度的变迁分为两大阶段，分别是：牧区民主改革、合作化、人民公社阶段（1951 ~ 1979 年）；土地承包责任制阶段（1980 年至今）。而每个阶段不同时期对牧区生活带来了相应的变化，具体如下：

4.1.1 社会经济发展

任何地区当地的经济水平决定了民居建筑的建设发展状况，祁连山北麓牧区牧民定居点各发展阶段的居住建筑类型及质量都受到本地区的经济发展水平的深刻影响。1949 年前，由部落的首领控制着草原上所有的资源，广大普通牧民居住在自家的帐篷里，居住状况维持在低水平的初级阶段。

1949 年后第一阶段初期，主要是在牧区进行民主改革。这期间政府不提牧场、草场归属问题，而是从现状出发，照顾历史，照顾全局，照顾人口少的族群，以利于生产与民族团结。通过协商的办法，调剂牧场、草场，调节族群纠纷，没有进行土地改革[①]。民主改革把草地所有权转到牧民群众手中，牧民对自己占有的草牧场可以完全占有、使用和处分，这段时间草原系统得到很好的保护，牧民继续延续着游牧生活，没有形成固定的聚居定居点。从 1954 年开始，国家在全国采取行政的方式推行合作化，该牧区也开始实施。生产经营上的合作，生产资料的集体所有，也使得牧民在居住上

① 刘鑫渝．土地制度变迁视野下的哈萨克牧区社会 [D]: 吉林大学，2011

相对集中起来①。进入人民公社化时期，随着"农业学大寨"运动的发展和牧区争取粮食自给自足，牧区耕地面积进一步扩大。牧区人民公社开始建设牧民定居点，发展农业和建立饲料基地，牧区变为农区，盲目大量开垦牧区草原，严重地破坏了牧场。这期间一部分牧民又回到不适合耕种的高海拔草场进行游牧，一部分则在定居点转成农业生产。这一阶段整个牧区生产水平低下，畜牧业发展几乎停滞，牧民在传统定居点居住在按汉式民居样式建造的土房子里，建筑质量较低，这一状况一直延续到牧区草原承包责任制开始之前。

1980 年开始，牧区进入草原承包经营责任制时期，经历了先承包畜群，后承包草地的变迁过程②。牧民承包的牲畜、棚圈、房屋到各户，牧民收入得到大幅提高，在原有定居点内修建和翻建了定居住房，由全土房变成砖土房或砖房。木质玻璃门窗得到广泛应用，屋顶变成瓦屋顶。定居点也逐渐实现了通水通电通公路，并有了基本公共服务设施，如商店、医疗室、活动室等。该阶段草地并没有实施承包到户，出现了私有牲畜无偿占有国家、集体草地资源以及草地无序、无偿过量使用等现象，使超载过牧、草场退化问题凸显。到了 80 年代后期，牧民生活水平进一步提高，并对自家住房进行了扩建，围建了院墙，定居点的房屋数量不断增加。

从 1990 年起，政府进一步提出草场有偿承包，牧民也逐渐放弃随意放牧的自然经济观念，重视生产效率和畜牧附加值的提高。牧区生产进一步取得好成绩，牧民经济收入不断增加，居住条件发生了一定的变化，牧民增加了对居住的投入，把原有住房室内外进行翻新。室内墙面进行了粉刷，地面也进行铺装，室外有的换了铝合金门窗，有的外墙贴了瓷砖。

进入 21 世纪，随着牧区社会经济的不断发展，牧民的收入也成倍增长，但是牧区草场长期因超载放牧以及不断开发建设，草原生态环境继续恶化，不仅制约了当地畜牧业的可持续发展，而且对全国的生态安全构成了威胁。国家开展实施牧区生态移民政策，牧区当地政府积极实施生态移民定居工程。由政府出资补贴进行"统规统建"的生态移民定居点在当地牧区分期分批建设起来，各类新牧民定居住房的质量、美观性、舒适性得到显著提升，水暖电设施到位，建筑建设水准已经达到当地城市经济适用房的标准。定居点配备较为全面的道路、管网、商业、教育、医疗、文娱等基础设施。

4.1.2　生产关系及方式的变化

牧区生产关系的变化与草原土地制度的变迁紧密联系在一起。通常情况下，传统观念认为游牧民族自古就是逐水草而徙，土地权利归属似乎与之无法沾边搭界。但是游牧民族文化中拥有土地资源利用与维护的知识技能。如前文所述，部落制度之下的

---

① 李晓霞. 新疆游牧民定居政策的演变 [J]. 新疆师范大学学报（哲学社会科学版），2002（04）：83-89
② 刘鑫渝. 土地制度变迁视野下的哈萨克牧区社会 [D]: 吉林大学，2011

牧区生产关系主要是头领与牧主掌握大部分的草原资源,包括畜牧业的生产资料——草场和牲畜。他们控制并支配草场的一切,牧民只能拥有地形狭窄、水源较远、植被环境较差的地方。牧民生产资料有限,生产力得不到发展,只能维系着传统的长期住帐篷的游牧生活。牧区形成由首领和牧主控制下的以家庭为单位的生产方式。

牧区民主化时期,人民政府通过协商的办法,调剂牧场和草场使牧民逐步得到了草场土地的所有权,生产力得到提高。牧民继续传统的游牧生产方式,但是牧民收入水平得到了提高。进入合作化时期,政府对牧区实行统一经营,牲畜入社,包括主要生产工具、生产资料实施公有化,牧区草地也共同使用。人民公社化时期,开始对牧区进行牧转农。之前的各种改革都主要是生产关系的改革,而没有对千百年沿用的牧业生产方式进行改革,牧民依然过着飘摇不定、贫困的生活。这种情况下认为农业先进、畜牧业落后,各地开展以农业改造牧业,牧民定居下来,形成全定居的生活方式,将草场改成牧田。这时牧民有了固定的居住建筑,房间内除了生活空间外还有储藏、加工农具及农产品的空间。部分牧民从事完全的农业生产,因不具备农耕经验,牧民生活水平低下,一些牧民又回到山中进行游牧。

20世纪80年代开始,牧区实施大包干责任制,分畜到户,但草场依然归集体统一管理,即牲畜仍吃"大锅草"。到1985年又开始了牲畜作价归户,草场承包到户责任制改革。到了80年代末牧区实施了畜草双承包责任制,草场开始有偿使用。这一时期,牧区水源建设、棚圈和畜牧业机械化提高了草原生产力,牧民收入提高,加大了对定居点居住建筑的建设,房屋质量得到改善。但是居住用房中生产空间与生活空间依然在一起。冬季圈养,其他三季到山地草场进行放牧。

随着祁连山北麓牧区人口增长过快、超载放牧、采矿增加等原因,草原生态环境不断恶化。国家在2002年正式启动了西部牧区退牧还草工程,之后牧区开展了生态移民定居工程。在生产关系不变的基础上,生产方式发生改变,暖季放牧冷季舍饲的生产方式成为定居点牧民的畜牧生产特征。同时随着社会的发展和产业的调整,现代化畜牧生产方式逐渐形成,畜牧加工、运输、贸易等占比逐步提高。特别是草原生态旅游也成为牧区重要的产业之一。牧民的定居生活方式受到新生产方式的影响,定居点居住建筑需适应这种变化。长远看来,未来畜牧产业化、工业化发展以及旅游业的增长,要求居住与畜牧业相关生产分区设置,形成较为独立的居住区,以提升居住舒适度。

4.2 居住形态的转变

4.2.1 演变历程

祁连山北麓牧区牧民定居点居住建筑是伴随着本地区定居点的发展而发展,并随着社会体制和经济的变化而变迁。前文提到牧民定居点源于20世纪人民公社化时期,从此形成正式的定居建筑，而传统的帐篷仍然作为主要的居住建筑形式而使用（见图4-1）。

图 4-1　20 世纪 50 年代祁连山北麓牧区使用的帐篷

从那时起定居点居住建筑的发展演变历程大致分为两个阶段：第一阶段为 20 世纪 50 年代中期到 90 年代末期，这一阶段主要是在传统定居点进行牧民自建定居住房建设，第二个阶段是进入 21 世纪后至今的时间，随着生态移民定居工程的实施，这一阶段是在移民定居点由政府统一修建定居住房。其中第一阶段又分为三个时期，第一个时期为人民公社时期到 80 年代初期，这段时间定居点形成后，定居住房建成后就基本处于平稳期，由于整体经济的不发达，居住水平较低，只是满足基本居住要求。第二个时期为 1980～1990 年，这段时期牧区实行了承包到户责任制，牧民收入大幅提升，随着全国改革开放政策的实施，传统定居点内迎来了新建定居建筑的第一次高潮。第三个时期为 1990～2000 年，经过十年的发展，社会不断进步，建筑技术得到提高，牧民的收入继续提升，定居点内开始出现了功能多样的现代居住建筑。后两个时期，定居点居住建筑进入快速发展期，建筑相关活动非常活跃。第二个阶段，随着牧区经济的发展与社会文明程度的进步，移民定居建筑已经摆脱牧民自建的模式，由政府统一规划和修建，使居住建筑的质量和建设水平达到新的高度，从而出现了第二次定居点新居住建筑快速发展，定居建筑进入根本性转变的时期。但是已经建成的定居住房在改善居住条件的同时，还存在诸多问题需要解决。

在具体居住形式上，人民公社时期到 20 世纪 80 年代初期牧民定居点从形成伊始，牧区逐步实施半定居。牧民定居住房建造主要源自两部分，一部分是由冬季牧场搭建的简陋土石房，按照其样式稍加改造后直接建设；另一部分是由进入牧区工作的汉族干部协助牧民修建，引入了一些牧区周边汉式民居的样式，但是因当时经济水平低，基本上只是在空间和建造技术上体现得更多。两部分定居住房基本上差别不大，材料和形式几乎都是一致的，定居住房质量较低，舒适性甚至不如传统帐篷（见图 4-2）。

这批早期定居点居住建筑现在已经被废弃或拆除，而受经济和技术条件的影响，这个时期基本建造的都是土坯房，很少用木料。这类房屋是祁连山北麓牧区定居点内当时最为典型和广泛应用的住房类型。此类定居建筑房址多选在避风、干燥、向阳的地方，建筑平面形态呈"一字形"，建筑内部通常为一间或两间房，房间没有明确的分区，可随着不同的使用需求来改变空间的使用功能。房间正面向阳，向阳一面墙开门和窗，背阳一面无窗。房屋用土坯砌墙，把木质檩子放在山墙上，上面摆椽子，铺上芨芨草席和草泥。不起屋脊，屋顶后高前低，以利出水。建筑内部房间矮小狭窄，采光通风不畅，同时缺少抗震措施。

图 4-2　传统牧民定居点早期住房

1980 ～ 1990 年期间，牧民经过包产到户政策实施后，经济收入有了好转，改善生活条件成为建房的重要驱动力。这时期的新建住房多为土木结构住房，并用土墙围合起一个四合院（见图 4-3）。山区不用土围院墙，而用石块垒院墙。建筑平面形式依旧是一字形，房屋基本上是两间房，部分为三间房。相对之前的住房主要的变化体现在材料和技术的应用上。建材以黏土、木材和少量的块石为主，土木结构。采用木质门窗，窗户面积扩大，便于利用阳光。但这时期的住房内外都没有做任何装饰。

图 4-3　20 世纪 80 年代定居点住房

1990 ~ 2000 年期间，经过多年积累牧民的经济收入有了很大的提高，对于房间除了满足居住功能之外，还有了美观、坚固的需求。与此同时随着整个牧区经济水平的提高和建造技术的进步，房间在空间尺度上也得到了很大的提升。传统定居点内牧民开始修建砖瓦房（见图 4-4）。建筑仍保持一字形的平面，房屋基本都是两三间房，呈中心对称的形式，部分房屋内部设有独立的客厅。屋顶采用了木屋架双坡铺瓦的形式。建筑墙体开始采用砖砌，特别是南侧外墙改为砖墙或在面层贴砖，其他方向外墙或采用砖砌或依旧为土坯墙①。建筑的门窗已经开始采用铝合金中空玻璃的形式，室内地面进行了铺装，墙面粉刷，屋顶吊顶。这一时期牧民住房的形式、结构，同周边城镇常见的砖瓦平房一样，逐渐取代了土房。

图 4-4　20 世纪 90 年代定居点住房

从 21 世纪初开始，生态移民定居点的牧民住房建设进入了一个分水岭。政府成为房屋建设的主体方，整个社会及牧民生活都发生改变，生产生活环境发生巨大变化。牧民进入现代型居住建筑中，建筑形式包括联排单层院落住宅和多层楼房，建筑质量、平面布局、室内设施等已经接近牧民周边城市的标准（见图 4-5）。建筑材料、建筑技术等完全实现标准化要求。虽然这些建筑还存在一些不足，祁连山北麓牧区定居点居住建筑各方面的条件已经进入一个全新的时代。

图 4-5　21 世纪生态移民定居点住房

---

① 常睿 . 内蒙古草原牧民生活时态调查与民居设计 [D]: 西安建筑科技大学，2016

4.2.2 新型城镇化建设

国家新型城镇化规划（2014 — 2020 年）中提出要坚持"生态文明，绿色低碳。把生态文明理念全面融入城镇化进程，着力推进绿色发展、循环发展、低碳发展，节约集约利用土地、水、能源等资源，强化环境保护和生态修复，减少对自然的干扰和损害，推动形成绿色低碳的生产生活方式和城市建设运营模式。……文化传承，彰显特色。根据不同地区的自然历史文化禀赋，体现区域差异性，提倡形态多样性，防止千城一面，发展有历史记忆、文化脉络、地域风貌、民族特点的美丽城镇，形成符合实际、各具特色的城镇化发展模式。"并就具体要求提出"远离中心城市的小城镇和林场、农场等，要完善基础设施和公共服务，发展成为服务农村、带动周边的综合性小城镇"。"把以人为本、尊重自然、传承历史、绿色低碳理念融入城市规划全过程"[①]。

我国新型城镇化是以城乡统筹、产城互动、节约集约、生态宜居为基本特征的城镇化，其核心是"人的城镇化"。而西部民族牧区的城镇化道路与其他地区相比也存在着复杂性。除了牧区中心城镇外，大部分牧区农村很难在短期内转变为城市地区[②]。地处西部民族牧区的祁连山北麓牧区经济社会环境相对落后，同时又具有分散布局、生态承载力较弱的特征。因此，祁连山北麓牧区城镇化建设由政府为主导进行"自上而下"的城镇化试点，先将牧民纳入牧民定居点，再通过产业化合作模式等途径发挥中心城镇的产业聚集和人口聚集作用，并进一步加强基础设施建设，逐步引导牧民融入城镇化进程中[③]，实现"草原牧民"到"都市牧民"的身份转换，是一个"游牧—定居—城镇化"的发展过程。

祁连山北麓牧区城镇化发展主要体现在：牧民直接进入县城完成城镇化，加快推动生态移民定居点所在乡镇城镇化建设。

进入县城的牧民，居住方式更接近现代城市特征，居住建筑主要向节约用地、多户集中的集约型方向发展。完整的上下水系统、垃圾处理与集中供暖系统，完善的居住生活配套设施，如社区活动中心、公共绿地景观和集中式停车场成为县城居住建筑的必备条件（见图 4-6）。

生态移民定居点建设与城镇化发展目标是一致和统一的，政府除了不断加大市政基础设施建设，更要增加生态化下的牧区特色乡镇建设。牧民居住建筑根据所处乡镇位置和环境特点的不同，结合现代畜牧产业和第三产业的发展形成相应的形式。

---

① 国家新型城镇化规划（2014-2020 年）- 新闻频道 - 和讯网 [M]，2018
②③ 岳林. 突破瓶颈 因地制宜 推进西部地区城镇化加快发展 [J]. 中国经贸导刊，2013（27）：33-36

图 4-6　县城牧民定居点环境

因此，祁连山北麓牧区的特殊性，决定了其城镇化发展应当以可持续为目标，提高牧民生活水平和保护生态环境为本质的特点[①]。居住建筑更要符合生态宜居的城镇化特征要求，使广大牧民在城镇化进程中安居乐业。同时该地区生态环境脆弱，所以该地区定居点的现代化建设必然选择生态环保、低价、低技的技术路线，在具体建设过程中，提倡小规模、渐进式的发展模式[②]。牧民定居点就是引导牧区传统的散居模式向聚居模式转变，居住形式可以是独立式或联排式等。居民更多要适应现代城镇化生活，居住建筑要具有更高的舒适性。

4.2.3　房屋建设政策的变化

祁连山北麓牧区传统牧民定居点一直都是牧民自建住宅，居住建筑状况与牧民个人状况紧密联系，牧民经济水平、技术能力、观念认识等成为关键因素。因其个体的局限性，传统定居点居住建筑缺乏科学的规划、设计，建造上基本还是依靠传统的方式，虽然传承了传统建筑技艺但是技术水平较低，导致建筑质量整体处于低水准（见图 4-7）。因此，对于相对封闭的祁连山北麓牧区的传统牧民定居点，在没有外部政策指引及技术指导下单纯依靠牧民自发性的房屋建设，居住建筑的演变和发展整体处于缓慢的状态。

图 4-7　牧区传统定居点情况

① 　岳林. 突破瓶颈 因地制宜 推进西部地区城镇化加快发展 [J]. 中国经贸导刊，2013（27）：33-36
② 　虞志淳. 陕西关中农村新民居模式研究 [D]: 西安建筑科技大学，2009

21世纪初国家提出生态移民定居政策，发改委发布《全国游牧民定居工程建设"十二五"规划》。包括该地区在内的我国游牧民定居工程定位于国家民生工程和安居工程的重要组成部分，是惠及游牧民的德政工程①。游牧民定居工程的实施，在广大牧区产生了积极、深远的社会影响。政府作为生态移民工程的组织实施的主体，加强了现有渠道的资金整合力度，在规划指导下，同步完善了定居点公共基础设施。生态移民定居点内的定居住房又是游牧民定居工程的主体，游牧民拥有一个干净整洁、宽敞明亮的固定住所，为安居乐业奠定了坚实的基础②（见图4-8）。根据各地民居建筑风格、民族生活习俗、自然地质条件和抗震设防要求，合理设计定居住房户型、结构，确保具备抗地震、冻融、雪压和强风能力。加强勘察选址、施工监管和技术指导，严格按照设计和工程建设标准组织施工，贯彻落实各项技术标准和操作规程，严把建材质量关，保证工程建设质量，确保定居房使用年限达到50年以上。

图4-8　牧区生态移民定居点情况

在生态移民定居点，各种公共服务设施都是由政府投资建设，牧民居住建筑采用政府补贴牧民出资方式，在政府统一管理下进行规划、建设和实施。因此牧民移民定居后的居住建筑建设用地方式发生改变，由传统定居点各户分开的宽松式宅基用地变为多户集中的节约式共建用地。相应牧民居住用房由过去牧户根据需要和经济条件自己建设，改为政府制定居住用房标准、政府统一设计建造，房屋建成后按照规定再交付给牧民居住使用。经过这一过程，牧民居住建筑的院落空间布局、功能组成、内外划分、形态类型等都发生了巨大的变化。原来没有院落的增加了院落，院落规模由大变小，住房由各户分散向多户集合发展。建筑内部功能划分及空间组织也相应改善，以满足移民定居后生活的变化。居住建筑经历了史上最大的变化，产生了新的建筑形态、结构和用材方式等，定居点居住建筑正式进入现代建筑模式。

① 安万明.构建甘孜藏区牧民定居点公共服务体系的重要意义[J].四川民族学院学报，2015（06）：71-74
② 李颖、张小莉.砥砺奋进七十年 财为政本铸辉煌[J].中国财政，2017（14）：4-13

4.2.4　居住人口与家庭的变化

长期以来祁连山北麓牧区牧民家庭结构，因受到牧区社会形态及传统"游牧"生产生活方式的影响，家庭中成员的构成状态较为稳定。牧民主要生活在移动性强、搭建方便、建造成本较低的帐篷中。牧民家庭人口要素变化，即人口数量和规模大小变化，可以通过帐篷的数量增减来解决，居住空间的要求，由若干独立空间增减来满足。而牧民家庭模式，受到传统习俗和宗教的影响，在氏族部落模式下，较为单一和稳定，传统帐篷建筑形式也符合牧民家庭模式的特性[①]。

随着定居点的建设和发展，牧民定居的增多，传统定居点半定居阶段，固定土木住房即使面积和空间不够，也可以通过搭建帐篷作为补充性和临时性的住所居住；初级全定居阶段，牧民只是修建一些简单的固定住房，来满足基本住的要求就行。牧民居住人口和家庭变化很小，一直处于稳定状态，不用再建设过多的住房，建筑的演变过程相对稳定和缓慢。

而随着牧区生态移民定居的实施和发展，牧民家庭逐步进入现代家庭模式，家庭人口要素和家庭模式的影响越来越大。很多年轻的牧民教育文化水平不断提高，一些到牧区以外的城市求学的年轻牧民，或离开父母留在城市生活，或回到牧区在父母身边，但寻求独立的居住生活空间。牧民家庭规模大小变化直接反映在住房面积的大小上，大家庭特别需要一个大面积的住房或多个房子聚在一起，小家庭可能会住在大房子里面，但是却容易造成部分房间的空置。

定居后牧民家庭模式逐渐由传统家庭模式向现代家庭模式转变，虽然这个过程缓慢，但是现代牧民居住建筑要适应各种家庭模式。传统民居多是建立在传统家庭模式基础上的，现代居住建筑则适应各种家庭模式。一旦家庭模式改变，相应居住建筑的空间组成、面积分配、功能布局等内容都需要做出调整。一些空间限定严格的居住建筑形式会因主干家庭和扩大家庭模式的改变被逐渐淘汰，独立、小型的单元空间更容易得到认可。传统家庭模式下，人口数量多的家庭适合院落式空间和小空间集聚式的建筑形式，但家庭结构小型化后小型的空间单元更能满足核心家庭居住生活需要。

因此，牧民定居后的居住人口与家庭的变化，对居住建筑的演变起着重要作用，要求定居建筑的空间形态与之对应，包括空间组成、面积分配、功能布局等内容。

4.3　聚落演变

祁连山北麓牧区牧民定居点聚落的演变，由其系统性质决定，并受到自然和社会

[①]　崔文河.青海多民族地区乡土民居更新适宜性设计模式研究 [D]: 西安建筑科技大学，2015

的影响。定居点聚落的演变是由无序向有序发展，并且是可持续性和动态变化的。传统定居点聚落随着自然环境的改变和社会环境的发展，其聚落形态很难在自身基础上进行演变，跳跃式和以人的干预为主要特征的聚落演变是其必经之路。而生态移民定居点聚落可以借助人的干预，营造更适宜的人居环境，尊重自然、适应社会成为聚落演变的目标。因此，生态移民定居点在自然和社会的共同影响下，形成特有的聚落和建筑形态，人居环境不断优化。

4.3.1　位置的变化

传统牧民定居点聚落是自发性的开放系统，由无序的动态向有序的静态发展，这是因为牧民在冬季牧场定居主要是选择自然环境下适合居住的地方，山地草原冬季牧场地形复杂，无序，牧民只能因地选址。定居点一般选在距离草场较近，地形相对平坦的中山区的河谷地带。生态移民定居点聚落则是强制性的闭合系统，从一开始形成就具有有序性，是经过人的干预下完成的。生态移民定居工程就是在政策指引下，人作为主体而实施的建设活动。定居点的选址以保护草原生态环境、改善牧民生活条件为目的，一般都选在离草场较远的位置，多处于交通便利、水源充足的浅山区（见图4-9）。

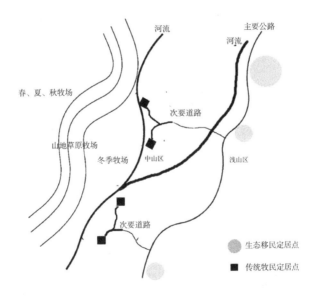

图4-9　祁连山北麓草原牧区定居点位置变化示意图

4.3.2　规模的变化

传统牧民定居点在初期由不同的牧户建成，聚落呈现自由布置状态。随着时间的推移，牧民逐渐意识到与环境和生产生活有机结合的重要性，开始控制畜群和牧户数量，并有序布置生活用房和生产畜圈。因此定居点的聚落规模有限并且稳定，牧户数量和畜群规模与周围牧场承载量相一致。其聚落布局形态更加自由和分散，规模较小。生态移民定居点由政府干预进行布局，内部不只有生活用房和生产用房，还有大量的基础服务设施，包括医院、学校、社会活动中心等（见图4-10）。同时定居点规划时把更多数量的牧民集中定居。因此生态移民定居点聚落布局形态更加规整和集中，规模由小到大具有延展性强的特点。

图 4-10　生态移民定居点基础设施状况图

4.3.3　功能的变化

　　传统牧民定居点聚落的形成是以当地牧民适应自然条件和满足生产生活基本需要为主要原则。具体就是不能破坏草场，保护草原自然环境，并与四季竖向移动的放牧生产生活方式相适应。传统定居点聚落功能只局限于服务传统放牧生产生活活动，牧民依靠血缘和氏族关系相互联系，功能相对单一和简单。而生态移民定居点聚落的形成是当地政府以修复草原自然条件和提高牧民经济收入、改善生活质量为目的。牧民被动转变生产生活方式，向现代牧区社会发展。生态定居点通过政治、法律、经济、技术、规划决策与实施等社会性行为积极地作用于聚落演变的过程之中，使其发展演化尽可能地符合人类发展的愿望和要求。生态移民定居点聚落要给牧民提供生产生活方式转变后的各种服务，并通过生态移民定居将不同族群的牧民聚居集中在一起，给他们提供交往和融合的聚落环境。聚落功能更接近现代社区及城镇特征，更加多元和先进。

4.4　建筑空间演变

4.4.1　空间功能关系的变化

　　（1）不同时期定居点居住建筑的功能特征

　　前文提到祁连山北麓牧区牧民定居点按照类型分为传统定居点和生态移民定居点。两类定居点形成的机制不同，存在时间上的前后顺序以及替代的关系，该地区因特有的生态安全重要性，生态移民定居点将完全取代传统定居点。居住建筑的功能关系因此按照时间顺序可分为前后两段，每一段各自分为两个时期。整个过程按时间顺序进行，不存在交替和重叠。

　　第一段为传统定居点阶段，第二段为生态移民定居点阶段。

传统定居点阶段，从20世纪50年代到21世纪初的50年期间为传统定居点阶段。其中第一个时期从定居点建立到20世纪80年代初，由于生产力水平低，牧区经济较为落后，从定居住房建造后一直没有任何变化，延续着原有的功能关系；第二个时期从生产承包责任制开始到2005年左右，改革的红利使当地牧区牧民的生活水平逐步提高，定居点通路通车，住房内通电，生活方式开始发生改变。原有定居住房不能满足和适应居住生活要求，牧民们收入提高后开始修建和新建住房，但仍保持着原有的体系，只是增加开间，扩大房屋面积或者再建一套住房等。

生态移民定居点阶段，从2005年至今。其中第一个时期为新建定居点伊始到2010年，生态移民定居后牧区生产生活方式发生革命性的变化，高级阶段的"牧居分离"生产生活方式得以实施。由政府主导使住房设施彻底改变了传统的牧民自建住房的形式，牧民住房与牲畜圈彻底分离，居住建筑的平面布局发生较大变化：内部功能空间分区开始细致化，空间的分割也明确化；住房的空间层级发生彻底变化，主次卧室正式分离，空间的私密性得到重视；钢筋混凝土等现代建筑材料得以广泛应用，各户独立院落得到明确的划分（见图4-11）。第二个时期为2010年以后，定居点新居住建筑摆脱乡村民居形式，转向了城市建筑方向，出现了城市多层住宅楼式定居住房，住房空间结构功能完全照搬城市建筑。定居住房由第一个时期的平向集合发展到竖向集合，各户住房内部功能丰富，层级变得更加复杂。

图4-11　生态移民定居点早期定居住房室内空间状况图

（2）定居点居住建筑的功能演进的特点

随着该牧区的发展及生态移民定居工程的实施，居住建筑的空间结构由简单转向复杂。传统定居点住房布局简单，住房与牲畜圈常连在一起（见图4-12）。早期住房的平面形式单一，一般只有1～2个房间，功能分区并不明确，主室作为主体，空间结构简单；后期住房发生变化，主要在平面尺寸、开间方向上增加，设置了独立的起居空间，再次回到中心化空间结构模式。住房出现了独立的厨房，部分牧户搭建了围墙形成院落空间。生态移民定居点前期住房空间结构在原有定居点住房的基础上经由政府专业化设计及施工得到提升，进一步复杂化。后期住房直接将城市住宅楼照搬到定居点，住宅空间结构更加复杂。空间总体趋势使用向舒适性方向变化。

图 4-12　牧民住房与牲畜圈

　　牧民民居院落空间形成时间较短，传统定居点居住建筑的院落很多受到汉式民居的影响。早期居住建筑室外没有院落空间，牧民生活生产不需要院落空间的功能。到了后期牧户受到外界社会发展的影响，自我意识不断增强，需要室外院落空间开展一些生产生活活动，开始修建院墙形成院落。生态移民定居点早期的定居住房，每户设有一个规模较小的开放式院落，院落使用功能主要转为生活活动。到了后期住宅楼各户独立，院落空间完全消失，被室外公共活动场地空间所取代。

4.4.2　平面布局的变化

　　传统牧民定居点，由于宅基地不受限制，定居建筑的空间布局多为一字形并排展开，房间沿建筑整体横向增加，建筑多坐北朝南布置。布局多以间为单位，由最初土坯的一间房，演变为两间房，之后由于功能需求在砖瓦房时期增加为三间[①]。主房两侧增加厨房、储藏等附属用房，同向房间进深与主房间相同，东西向房间则根据实际情况而定。后期住房平面布局随着功能空间的增加发生变化。房屋的建设也让宅基地范围逐渐开始被确定。生态移民定居点，属于由政府主导下的异地移民搬迁工程，政府选址修建包括居住建筑在内的各项工程设施。定居点内不再单独设置宅基地，新建定居建筑的空间布局整体保持一字形为主体，客厅、卧室、餐厅、厨房、卫生间统一布置到室内，各空间转变为前后布置。集中楼房定居房建筑平面布局完全转向现代城市型住房方式。

　　（1）"牧居一体"下的平面布局

　　这一阶段处于传统牧民定居点建立到生产承包责任制实施期间，牧民定居住房延续了游牧时期帐篷平面布局的"一体化"形式。建筑内部空间只有一间主屋，部分住房再设一间辅屋。主屋集中了生产和生活功能，除了是起居、祭祀、待客、睡觉、餐饮等生活空间，还是照顾幼畜和病患牲畜、剪羊毛等的生产空间。辅屋一般用作存

---

① 常睿. 内蒙古草原牧民生活时态调查与民居设计 [D]. 西安建筑科技大学, 2016

放生产生活资料使用，处于主屋一侧（见图4-13）。

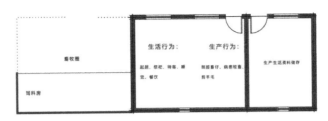

图4-13 "牧居一体"下的居住建筑平面布局图

（2）"牧居分离"下的平面布局

"牧居分离"分为初级阶段和高级阶段（见图4-14）。

初级阶段主要集中在传统定居点后期，承包责任制实施后牧民收入提高，牧民自发意识到将生产与生活分开。随着社会的发展，"居"的内容增加和丰富，电器进入家庭，子女教育得到重视，对住房内部空间提出要求。牧民逐渐意识到生活环境的重要性，不再直接把畜牧生产活动放到居室内部，而是单独修建用于生产辅助的用房。通过修建、扩建增加住房空间和面积，主房变为三开间，客厅、卧室、厨房独立设置。同时在主房之外还单独修建了用于储藏的房屋。但是卫生间依然设在室外采用旱厕的方式。

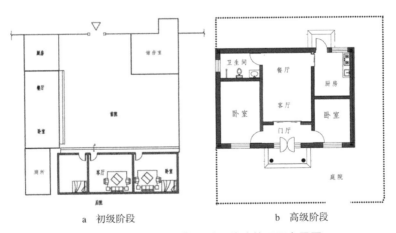

a 初级阶段　　　　　b 高级阶段

图4-14 "牧居分离"下的居住建筑平面布局图

高级阶段则是在生态移民定居后，定居住房完全服务于生活活动，生产活动基本到集中建设的牲畜暖棚进行。住房内平面布局明确和完整，设置了门厅空间；起居室的作用得到重视形成独立的空间，更加注重个人私密性，主卧室开始分离；餐厅空间单独设置形成一个独立的功能空间；厨房因液化气的使用，并入主房内。最大变化就是厕所移到室内，扩展了盥洗、沐浴功能，成为现代化的卫生间，内部还有洗衣空间。

因生产活动的分离,生产作业点远离居住区,前期定居住房保留了小面积的开放型院落,主要用来停放自家的机动车辆或临时存放一些生产用具及畜产品。

4.4.3 空间特性的变化

牧民定居点居住建筑在演变和发展过程中,不但外部形态因为现代结构的引入发生了深刻变化,内部空间特性也发生着变化,具体表现在两个方面[①]。

（1）尺度的变化

建筑的开间由小增大再减小。传统定居点早期住房开间尺寸大约为 3m 左右,后期住房随着砖木的使用以及使用功能的增多,中间会客空间开间达到了 5m 左右,卧室的开间增大到 3.6m 左右;生态移民定居点住房因为有面积的控制要求,客厅开间减小到 3.9m,两个卧室开间均为 3.3m。传统定居点住房总进深则一直维持在 5 ~ 5.5m,生态移民定居单层住房,卧室全部南向,生活辅助空间北置,总进深在 8.5m 左右;住宅楼内部房间主卧室南北布置,总进深最小 12.5m,与城市同类住宅楼常用尺寸一致。建筑的室内净高较为稳定,无论是传统定居点还是生态移民定居点居住建筑净高基本维持在 2.9m 左右。生态移民定居点新居住建筑的门窗洞口尺寸比传统定居点旧民居增大,以 1.5m 为主,也出现了 1.8 ~ 2.4 m 的窗户。生态移民定居点新建住房摒弃传统定居点旧住房的结构和建筑空间尺度限制,定居房的开间、进深发生了变化,从而带来室内较好的通风采光,符合现代居住要求。

（2）室内热环境的变化

通过现场调研发现,不同定居点各类居住建筑的热环境差异较大,其中传统牧民定居点因为是牧民自建,室内热环境不太了解。一般情况下平顶住房相比坡顶住房室内热环境要差;同样屋顶形式下,前期采用土墙的住房要比后期砖混结构的住房室内热环境好,并经过时间的考证后牧民都认为土墙坡顶的住房室内热环境最好。生态移民定居点早期单层定居住房采用了砖混结构和坡顶形式,外墙设有保温层,但室内热环境并未优于同类土墙建筑太多。而采用现代保温技术的多层定居楼比单层定居住房在室内热环境上具有较大优势。居民对建筑热舒适性的认识是循序渐进的,是在不断的试错中进行自我调整的。

4.5 建筑技术演变

4.5.1 建筑材料的更替

（1）墙体材料

传统牧民定居点牧民住房,在早期建设时由于经济不发达,特别是在祁连山北

---

① 成斌. 四川羌族民居现代建筑模式研究 [D]. 西安建筑科技大学, 2015

麓牧区缺少建房的材料，加之牧民有就地取材建帐篷和住土石房子的传统，致使当时住宅的主体结构使用当地的生土作为主要的建筑材料。生土作为一种可循环的生态材料具有保温隔热的效果，但是防水效果和抗震、承重性能较差。墙体为土坯砖砌筑或夯土墙，房屋建造时在生土内添加牲畜的皮毛或枯黄的牧草，以增加韧度。后期房屋采用了烧结黏土砖砌筑墙体，有的南向墙改为砖墙或在土墙外砌砖，厚度多为240cm。

生态移民定居点牧民住房，前期单层住房依旧采用黏土砖，外墙厚度为370cm，内墙厚度为240cm。外墙设置了聚苯板保温层。后期建造的定居住宅楼第一批外墙依旧采用黏土砖加保温层，之后建造的定居楼采用多孔砌块砖加保温层。建筑的墙体材料已经转成了现代化建材。

（2）屋顶材料

传统定居点住房牧民自建，早期的屋顶构件选择山区的木材做梁，屋架采用简单的木屋架，且木梁和椽子等直径较细，屋面多采用牧区的树枝和牧草，顶面覆土。后期的住房屋架为木屋架，木材直径有所增大，屋顶构造中开始使用竹帘、草泥和瓦，并逐渐加入防水材料（见图4-15）。

a 传统牧民定居点住房屋顶　　　　　b 生态移民定居点住房屋顶

图4-15　牧民定居点居住建筑屋顶

生态移民定居点早期单层住房屋架依旧采用木质，设有檩条，其他材料与传统定居点后期住房保持一致。定居楼房采用平顶上人屋面，混凝土板上加挤塑聚苯板，再铺设聚酯胎防水卷材。

（3）装饰材料

传统定居点早期住房，室内外没有任何装饰材料，顶棚暴露在外没有吊顶，门窗为木质，麻纸贴窗，地面为素土夯实地面。后期住房开始对室内外进行装饰，顶棚用纸张或厚塑料布张贴进行吊顶，门窗使用铸铁门窗框，后又采用不锈钢门窗和塑钢窗框，玻璃窗，地面开始铺设黏土砖，后又采用水泥抹面或铺设地砖。室外南面外墙开始用乳胶漆涂料或瓷砖进行装饰，增加了建筑的美观度（见图4-16）。

图4-16　传统牧民定居点居住建筑吊顶及门窗状况图

4.5.2　建造方式的更新

（1）传统民间建造方式

祁连山北麓牧区传统定居点牧民住房，由牧民自建，缺乏整体性的规划。早期住房多为土石房加木材，采用土木结构，房间大梁和木质屋架搭在木柱上，夯土和石块砌墙围合，厚度达到370～400mm。后来石块只用来做基础部分，墙体的内外材料只用泥土，墙体形成有两种方式，一种是做好墙脚后将木板做成的模具放置在上面，放入泥土，分段分层夯实成墙；另一种是采用土砖砌墙。外墙底部厚上部薄，非常厚重。墙底部的厚度一般在450～600mm。

早期定居房屋大部分墙体外侧涂抹草泥作为保护层，到了后期住房墙体在外侧包一坯砖作为保护层。房屋以土墙体作为承重主体，在大梁上放置直径约10cm的木椽，垂直于大梁并且交错搭接于大梁，伸出大梁截面约10～20cm，椽的另外一端直接放置在大梁或墙上，上再加盖掺有牧草或麦草的草泥。房屋缺少抗震措施，安全性较差。后期住房开始采用砖木结构，屋顶木椽子一头在屋架梁上，另一头搭在砖柱上的梁上，形成单坡屋面或双坡屋面，椽子上搭竹帘子，竹帘上盖牧草，上铺一层防水材料后覆土，再加草泥，最后挂瓦。窗户多为单层玻璃，最后都换成双层玻璃窗[①]。

（2）现代专业建造方式

当地生态移民定居点包括定居住房在内的各项建设由政府规划和建设，新居住建筑由具有资质的专业施工队伍，按照经专业设计单位设计后的施工图纸分批次进行统一建造。房屋建造时使用专业的施工机械，进行专业化施工建造。前期的单层定居住房采用砖混结构，后期定居楼采用框架结构，房屋的抗震性大幅提高，安全性得到保障。所有房屋建造按照当地的设计规范，进行建筑、结构、水、暖、电的施工及安装。门窗采用了铝合金中空门窗。室内外都做了装饰层。大量的钢筋混凝土运用到建筑中，同时所有建筑都设有保温层，进行节能设计。新定居住房建造采用现代建造技术，房屋标准高，属于现代型住房。

① 陈林波. 青海海北牧区牧民定居建筑地域适应性设计研究 [D]. 西安建筑科技大学, 2015

祁连山北麓牧区传统定居点的建筑形式与其建造技术密切相关，两者不可分割。随着社会的发展及建造技术不断提高，现代牧民居住建筑需要对应的先进的建造技术，这样建筑才具有鲜明的时代性。

4.5.3 资源利用方式

祁连山北麓牧区从游牧时期就有使用干牛羊粪便作为能源用于取暖和炊事的传统。20 世纪 50 年代牧民定居点建立时，早期的牧民住房依然延续着这种传统的用能方式。草原到处都是牛羊粪，获取和使用方便，晒干后的牛羊粪饼具有燃烧时间长，热量高，长久蓄热，且燃烧的烟量较少的优点。这种生物能源一直作为重要的能源被牧民使用，直到 20 世纪 80 年代末使用量才逐渐减少。其中一个重要的原因就是牛羊粪味道和粉尘较大，对室内空间污染较大，对逐渐追求居住环境的牧民来说造成不便。

传统定居点后期住房及生态定居点前期修建的单层住房依然采用分户自取暖方式，随着牧民经济条件改善，牧户采用了煤炭能源，通过直接燃烧获得生活用能，同时也存在煤炭与牛羊粪共同使用的情况（见图 4-17）。定居点后期建造的住宅楼则采用集中式分户供暖方式，家中采用地辐射的方式供暖。设置集中式的供暖锅炉燃烧煤炭烧水后传输到各家各户中，通过这种化石能源的二次利用，虽然使单个家庭室内温暖舒适，但增加了对牧区的碳排放，对草原生态环境造成一定的影响（见图 4-18）。

图 4-17 牧民定居房中的燃煤炉   图 4-18 定居点内集中式供热炉对环境的影响

各类液化气罐，从 20 世纪 90 年代中期开始进入传统定居点的住房中，一直到现代还被作为生态移民定居点炊事用能的主要燃料（见图 4-19）。因其运输、储藏方便，燃烧热量大、污染小，受到了牧民的欢迎。生态移民定居后，定居点的电力基础设施已经非常完善，这时各种生活电器在牧户家庭被广泛使用，电视、洗衣机、冰箱、电磁灶成为家庭的必备品，每户生活用电量也逐渐提高。这时电能已成为牧户家庭的重要能源。

祁连山北麓牧区具有丰富的太阳能资源，传统定居点建筑利用太阳能缺乏专业的技术，只是依赖传统的建筑技艺，争取最大向阳面以获得更长时间的太阳直射热量。从新世纪开始，太阳能热水器开始被引入传统定居点的住房中，每家获得生活热水用于洗浴、洗衣等。生态移民定居点房屋建造时已经设有专门放置太阳能热水器的位置，其普及率已经达到 95% 以上。除了主动式太阳能设备的使用外，在传统定居点后期建造的住房，牧民开始改造设置了阳光间，但因建材价格以及密封性一般的缺点，其并没有得到广泛的推广和普及。最早阳光间罩住了整个建筑的正立面，成为室内外过渡的空间，在当地既可以起到有效的防风效果，又能发挥阳光间的作用（见图 4-20）。

图 4-19　定居住房中的液化气灶

图 4-20　牧民住房内阳光间

　　生态移民定居点前期建房时并未做专门的阳光间，直到后期住宅楼建造时，才将客厅部分的阳台做成具有阳光间功能的空间。这时的阳光间，与主体建筑形成一体，而且窗框材料也采用塑钢，密闭性更好。阳光间的进深也大，功能由最初的缓冲空间演变为现在的主要从事家庭活动的空间，阳光间已受到定居牧民的认可和喜爱。因此，太阳能的充分利用将在以后的定居点居住建筑设计中得到重视。随着西部新型城镇化建设与发展，除了太阳能资源外，其他可持续、绿色能源的利用在祁连山北麓牧区将得到进一步重视。

4.6　演变分析

　　祁连山北麓牧区传统定居点的民居形式和技术手段都是长期稳定的草原环境和牧区社会的自然选择结果，在这一稳定关系作用下相应建筑形式得以长期保留。但是随着草原生态环境的改变，以及牧区向现代社会发展，生态移民成为牧区的唯一选择。传统定居点及其居住建筑已经不能在现状的基础上，再继续扮演相应的服务功能角色。这些建筑失去其使用功能后，将不能延续、演变和调整，新定居点中的居住建筑必然要经历重新选择，在这一过程中，那些适应新环境，符合社会发展的建筑形式和做法会在选择中逐渐被强化，并运用到新建的居住建筑上持续发展。

4.6.1 人的需求

当地牧区传统民居的产生与所有居住建筑一样，是为满足当地人类基本的生理和安全的需要而产生。无论是各类帐篷还是土木建筑，都是在满足居住需求的基础上发展和演变的。它们必须具备"庇护"能力，给居住在内的牧民提供足够的生理和安全需求保障。

按照马斯洛理论，建筑伊始在满足了人的生理需求、安全需求等低层次需求后，必然要追求和实现爱和归属感、尊重、自我实现的高层次需求（见图4-21）。可以看到，人的需求有层次高低之分。在很长时间内，对于居住的需求仅仅是满足生存的基本生理需要，因为视野、经济能力所限更高的需求无从谈起[1]。但是，牧民定居后，生产生活方式发生转变，牧民的经济水平得到提高，同时也拓展了视野，随之更高的需求慢慢地成为牧民行为的驱动力。特别是生态移民定居后，人们居住条件发生改变，通过与原有居住建筑的对比，意识到更好更舒适的居住环境对生活的必要性。当牧民定居后，逐步进入现代生活环境中，再也不是局限在游牧方式下的草场内的简单生活。牧民的意识发生改变，希望居住生活更体面、更有尊严，更能得到别人的认可等等。这些想法必然会对居住建筑不断提出新的要求，现有定居点的居住建筑可能会逐渐落后，因此新居住建筑必须随着牧民需求意识的发展进行同步性甚至超前性设计。因此，建筑因人们的需求不断变化和提高而需要不停地去改变，以满足和适应人的需要。

图 4-21　马斯洛人类需求层次理论

传统牧民定居点的自建居住建筑，从开始产生就是以牧民基本居住需求为唯一目的，所有的建造活动都是解决如何"庇护"牧民，阻隔自然界各种现象对牧民居住的不利影响。从开始的"窝"，逐渐演变成建筑，材料也由石土堆砌开始到后来的土木、

① 张群. 西部荒漠化地区生态民居建筑模式研究 [D]. 西安建筑科技大学，2011

砖木砌筑，并形成院落。所有的建筑形式和活动都是在对自然环境的改造中，不断提升并完善，以满足人的生理需求和安全需求为主要目的。由于"游牧"生产方式和生活方式的特点，以及牧民文化、经济和技术水平的限制，按照马斯洛理论，自建居住建筑继续向上发展的动力不足，直接影响到建筑进一步的发展，建筑常处于一种稳定的状态中。虽然这些民居属于现代居住建筑，但是落后，质量差，形式简单，功能单一，性能低下，抵御外界破坏能力不足，常出现坍塌、脱落、透风、漏水的情况，建筑的安全性低，建筑寿命短。现有自建居住建筑承担不了牧民心理上的更高需求的任务，必须要经历革命式的变革，重新设计及建造。

生态移民定居点的政府统建居住建筑，都是利用现代建造技术，经过统一选址、规划、设计和施工的高质量建筑，比传统定居点自建居住建筑更加坚固，安全性和先进性更好，完全能满足牧民的基本居住需求，甚至可以实现部分人的爱和归属感、尊重等更高的需求，是牧民居住建筑的发展方向。

4.6.2　社会发展

祁连山北麓牧区是一个相对封闭、稳定的社会系统。其主要原因是地处西部落后地区及当地少数民族牧民自古形成的游牧方式，使整个地区与外面的社会联系较少，形成了自给自足的社会体系。该地区的传统建筑从起源到发展都是基于这一社会系统中进行的，因此居住建筑具有稳定性和发展缓慢性。

民居毕竟具有物质性，受到物质条件的影响，经济状况直接作用到民居的建设上。一般来说，有什么样的经济水平就建造什么样水平的民居建筑。当地牧区相对封闭的社会体系和落后的经济状况，导致牧区社会生活上的落后与物质上的匮乏。过去游牧时期牧民的贫富差异，主要体现在牲畜的数量和畜群的规模上，一切以生产经济投入为主，对生活质量要求不高，投入相对少。但是定居后牧民的生活水平和经济收入得到提高，牧民对居住就会有更高的要求。经济水平提高后最迫切的就是改善住房条件和提高住房标准。在传统定居点内出现了部分经济条件好的牧民，主动放弃原有落后的住房，积极修建和新建更好住房的现象。

随着牧民经济水平的改善，居住生活的标准也在提高。生态定居后，牧民经济状况和生活水平提高，牧民感受到新居所内冬季温暖、室内明亮、空气新鲜、设施方便的好处，不愿再回到原有冬季寒冷、室内昏暗、卫生条件差的居住建筑中。同时各种现代生活电器开始大量进入现代牧民居所中。另外，家庭成员之间自我意识增加开始分室居住，希望各自拥有相对独立的起居空间，对于生态定居点居住建筑都是考虑的因素。

随着政府主导下的牧民生态移民定居工作的不断发展，祁连山北麓牧区广大牧民与外界社会的联系越来越多，各种现代信息已经很快转到牧区和每个牧户家庭中，对牧民的影响力不断增强,牧区社会及牧民对外来的现代信息文化接收程度不断提高,牧区传统的相对封闭和稳定的社会系统逐渐改变,由落后的传统社会体系向先进的现代社会体系演进,牧区社会不断发展进步。与此同时,现代信息文化的冲击力对当地牧区居住建筑的影响是强烈的,世俗的现代文化直接影响着牧区建筑的发展,传统牧区的居住建筑性能较差,牧民群众基本都愿意住在定居点新建的居住建筑中,向城市建筑方向发展。

此外,传统牧民定居点是建立在传统的氏族和部落关系基础上的,各户之间存在着一定的血亲关系。每个定居点往往由本姓氏人组成,或者几个大姓氏家族共同组成,彼此间十分熟悉。而移民定居后,集中式的居住建筑使更多的牧民成为彼此的邻里,不同姓氏的牧民群众共同生活在同一社区中,人口数量和密度随之增加,人际间交往更加频繁。现代社区家园关系逐渐取代传统氏族部落关系,在保持同姓家族家庭间关系的同时,需要建立适应现代社区生活要求的交往平台。这就要求居住建筑在形式上应该更加多样,空间组合上更加灵活和可变性大,能满足原住牧民共同居住联系的需要,同时增加定居住房外部的公共场地和区域建设,这样既可以弱化人口增多带来的不适,也能搭建更好的交流活动空间,增进定居后牧民彼此间的感情。

4.6.3 生产生活方式的转变

（1）"牧居分离"的生产生活方式

人类的生存必须依靠生产创造出各种物质来维持,各种各样的生产方式及转变成为人类发展重要的影响因素。生存的好坏直接反映着生活的状况,生产方式决定着生活方式,生活方式是围绕生产方式开展并依附于生产方式,具有对应性和同步性的特征。而生产、生活方式的差异又决定了房屋生活空间和各种资料储存空间的差异。因此,根据生产生活方式的不同形成不同类型的民居形式。

祁连山北麓牧区牧民定居后,先后产生了初级和高级的"牧居分离"生产生活方式,无论是定居不定牧,还是定居又定牧,传统的"游牧"方式下的"游居"生活方式已经发生改变（见图4-22）。特别是生态移民定居后,建立的定居轮牧制已取代游牧制。现有"牧居分离"的生产生活方式与原来的不同,反映在居住空间上就是与之对应的空间有了不同。牧民定居后生产生活行为的变化,不但造成传统定居点原有居住空间无法满足需要,还对生态移民定居点新建居住建筑提出相应的空间要求,居住建筑需要做出与转变后的生产生活方式相适应的变化。

"牧居分离"的生产生活方式,最为显著的变化是"游牧"生产方式转变为暖季放牧与冷季舍饲相结合的方式,牧民在四季牧场从事放牧生产活动时间缩短,增加了靠近居所的饲养生活活动时间（见图4-23）。牧民全定居后在家庭中停留的时间及从事的活动增多,对起居活动空间需求增大。牧民的现代生活内容丰富,家庭对空间的要

图 4-22　20 世纪 80 年代牧民在夏季牧场放牧生活

求更加具体，类型也更全面。例如，储藏空间需求增大，要盛放和容纳更多生活资料和生活用品，副食及燃料都需要有相应的存放空间；还有就是生产工具中，交通及运输机械普及，需要相应的存放空间解决停置需求，凡此等等。

图 4-23　集中式的牲畜暖房、圈舍及管理房

当地牧区传统的"四季竖向移动游牧"的生产生活方式稳定，长期不变时，对应的居住建筑形式就稳定，发展缓慢。当牧民定居后生产生活方式发展和转变后，必然导致当地的民居形式发生变化，传统牧民定居点的居住建筑可能过于落后，满足不了要求，不宜再进行更新和改造而被淘汰，就会彻底产生新的形式。

（2）畜牧产业升级及转型

游牧民族的生产方式变化是指在游牧生产经营习俗以及畜产品加工流通习俗、草场使用习俗及生产投入习俗等方面发生变化[1]。祁连山北麓牧区经济的发展，必须改变传统的粗放型畜牧业经营方式，由传统的游牧生产方式向现代草原畜牧业生产方式转变，进行畜牧产业的升级和转型，走可持续发展之路，这是历史的必然选择。

实现牧业经营的市场化、专业化、规模化是牧区传统生产方式向现代生产方式转变的关键[2]。随着牧民定居工程的不断扩大和发展，牧民的经营方式转变和扩展成为必然。逐渐形成以放牧系统为核心，放牧生产为基础的集畜产品深加工、草料种植、畜

① 苏布德. 新巴尔虎蒙古社区的变迁与发展 [D]. 中央民族大学，2011
② 刘鑫渝. 土地制度变迁视野下的哈萨克牧区社会 [D]. 吉林大学，2011

牧数据信息处理、畜产品物流配送及牧区生态旅游观光为一体的现代畜牧产业模式。在这种情形下，定居后的牧民居住建筑也必然要与现代畜牧产业的经营方式和经营活动相适应，牧民居家与放牧分离更加彻底，居住建筑空间更多要以居住生活为中心，空间组织和功能布置应更适应现有生活的不断发展。同时随着定居点的完善和发展，以畜牧产业为主体的经营活动和以家庭旅馆和"牧家乐"为主体的旅游产业也逐渐增加并不断发展，部分牧民居住建筑功能将被扩大，以往单纯的居住性质也会发生改变，综合性的牧民居住建筑形式将成为定居点建筑的重要形式。

4.6.4　生态保护要求

祁连山北麓生态环境的恶化是资源、人口、环境严重失调所酿成的恶果。人口的不断增长，向大自然不断索取，使生态恶化和贫穷落后困扰着本地区的广大牧民。保护当地生态环境从牧民的宗教观和草原文化观中就有体现，20世纪50年代，牧民定居点建立，各种定居住房及设施的修建过程中的选址、用材、布局等基本还是延续着草原生态保护意识。而从"人民公社"化到牧区承包到户前这段时期，因政治路线的影响，牧区出现大量间接破坏草原生态环境的生产活动，将牧场改为农场，草地变农田，水源的过度开发等使原本脆弱的草原生态环境受到破坏。这种违背自然规律的活动使得牧民生活长期处于贫困中，甚至还不如定居前游牧时的水平。不少牧民放弃定居离开定居点又回到之前的山地草原从事游牧游居，定居点居住建筑根本没有演变和发展的驱动力，处于停滞状态。

牧区实施承包责任制后，牧民生产的积极性完全释放，牧户家庭收入得到大幅提高。各户牧民家庭开始改善长期落后的居住条件，传统定居点内掀起了住房建设的高潮，加速推进了定居住房的演变。然而由于体制的不健全以及经历了长时期贫穷，牧民简单地认为只有增加牲畜数量扩大畜群规模才是唯一提高经济收入的方式。草原畜载过量情况越来越严重，同时牧区内各种人为活动日益增多，直接导致原本尚未恢复好的草原生态环境遭到更严重的破坏，草原沙化面积不断扩大，雪线升高，泥石流频发，已经威胁到所在西部内陆区域的生态安全，对整个区域生存环境造成不利的影响。保护和修复祁连山北麓山地草原生态环境，进行生态移民成为唯一的选项。

因此，由政府主导下的生态移民定居工程，不但是保护草原生态的重要措施，也是牧区社会发展的重要内容。同时生态移民更是改变牧民贫穷落后状况的最有效途径。牧民由原居住地统一搬迁到政府整体建设的新定居点，生存环境和生活环境得到了极大的改善，各类现代社会生活配套设施的建设为牧民提供了有力的生活保障，牧民生活水平得到极大提高。在生态移民定居点，各种公共服务设施都是由政府投资建设，牧民居住建筑是由牧民出资政府补贴，在政府统一管理下进行规划、建设。牧民生态移民定居后居住建筑建设用地发生改变，由传统定居点各户分开的宽松式宅基用地变为多户集中的集中式公建用地。相应牧民居住用房由过去牧户根据需要和经济条件自己建设，改为政府制定居住用房标准、政府统一设计建造，房屋建成后按照规定再交付给牧民居住使用。经过这一过程，牧民居住建筑的院落空间布局、功能组成、内外划分、形态类型等都发生了巨大的变化。原来没有院落的增加了院落，院落规模由大变小，各户由分散向多户集合发展。建筑内部功能划分及空间组织也相应改善，以满足移民定居后生活的变化。

祁连山北麓牧区牧民定居点居住建筑经历了一场革命性的演变，虽然还存在一些不足及问题，但是大的发展方向正确，未来居住建筑的演变一定是在现有的基础上继续完善和发展。草原生态环境的保护成为定居点居住建筑演变的重要驱动力，这也是不同于其他环境下居住建筑演变因素构成的主要特征。

4.6.5　发展趋势

（1）居住建筑顺应牧区"人、草、畜"关系，不破坏自然生态环境

祁连山北麓牧区定居点整体的规划建设。

应顺应牧区"人、草、畜"关系，不破坏牧区自然生态环境。祁连山北麓牧区的自然生态环境是牧区内所有事物依存的基础，脆弱的生态环境引起的问题日益突出。居住建筑要顺应当地的自然环境，选择最适合的建筑形式，按照气候条件和地形地貌进行建筑设计，建筑的用材和用能上以保护环境为目标，进行有效的选择和控制。

（2）传统空间模式向现代空间模式转变

1）传统空间模式瓦解，人畜空间保持合适的距离

传统牧民定居点居住建筑，无论是早期的生存型还是后来的温饱型，都是"一字形"的单层平面，内部由 2～3 间住房组成，房屋外面紧挨着牲畜圈，长期处于人畜混居状态。经过生态移民定居后，高级的"牧居分离"生产生活方式形成，定居点规划出独立的居住区与牲畜圈舍区，并使其保持一定的距离，人畜实现完全分离。居住建筑旁边不需要大面积饲养空间，仅需要生产服务储藏室及车辆的停放空间（见图4-24）。但按照牧区"人、草、畜"的关系，居住建筑不宜离牲畜圈太远，两者之间交通应顺畅。

图4-24　定居建筑室外空间

2）居住建筑植入现代功能，形成现代建筑空间布局

现代功能的生活空间出现在牧民定居点居住建筑中，独立的卧室及会客空间，独立的卫生间及厨房、阳光间，形成独立的活动空间。室内外增加生产辅助的存储空间，还可以兼顾生活物品的存放。牧民居住建筑形成现代型空间布局。

生态移民定居后，传统定居点居住建筑从形式及功能空间上已不能再完全延续，新建的居住建筑将现代功能植入形成现代居住空间，平面组织以起居室为中心，体现内外分离、洁污分离、食寝分离、居寝分离的原则，同时符合牧民的居住行为特征和生产生活方式，形成特有的新牧居建筑空间。

（3）居住建筑形态与性能向科学化标准化转变

1）平面形态由少数空间布局到多数空间标准化开间转变

传统牧民定居点居住建筑，其平面形态布局比较单一，一般通过隔墙内部划分成2～3间房。因建筑的墙体主要是土墙，由牧民自建，房屋开间一般没有标准，由牧民根据需要结合经验自定。

生态移民定居点，新建的居住建筑平面整体形态方正，增加了房间的数量。卧室空间独立，一般有2个独立房间，还有独立的起居室及独立的就餐空间，增设独立的卫生间和厨房等。

大量的现代标准化材料在新居住建筑中使用，所有空间的开间都是以常用的模数为基数。新居住建筑工业化和标准化程度提高，砖混结构和框架结构占据越来越大的比例，建筑的安全性能得到质的提升。

2）传统生土建构向现代复合建构模式转变

祁连山北麓牧区传统定居点居住建筑由牧民自建，因经济的因素多采用生土建造，建筑性能处于较低水平，坚固性也不够，不符合现代居住生活的需要。生态移民定居点的新居住建筑起点高，以满足现代牧区定居生活的需要。旧建筑形态及建构被淘汰，新建筑按照城市住房的设计标准，各类现代的建筑材料和建构方式被应用到新民居。但是直接照搬的方式不是解决当地新民居的出路，符合定居后生产生活方式的地域性新民居才是正确选项。因此，将当地的传统生土材料结合现代材料，加大传统建筑技艺与现代建筑技术的融合，不断探索与之相适应的材料和空间的组合方式，是现代地域性居住建筑建构方式的转型之路。

3）居住建筑性能提升，居住舒适度逐渐提升

现代建筑技术提升了牧民居住建筑的性能，框架结构使建筑的安全性得到保证。现代建筑材料的使用使得室内环境的洁净度、环境美观性得到改善，空间的舒适度也得到提升，如何满足牧民对居住环境舒适度的需求成为新居住建筑设计的重点。

（4）建筑风貌符合民族性并突出地域性本质特征

祁连山北麓牧区生态移民定居点的现代定居民居，应改变传统定居点采用汉式民

居的做法。牧民传统民居——帐篷是基于游牧游居的生产生活方式而形成的建筑形式，这种建筑形式伴随着牧民成百上千年，几乎没有什么大的演变。定居点建立的时间相对较短，并且不是牧民自发的行为，更多是受到政策的影响，必然缺少适合定居生活的建筑样式，基本采用周边汉地的民居样式。牧民定居后生产生活方式发生了重大改变，那种将帐篷建筑形式使用土木材料建造模仿的方式不可取，不符合现代定居后的生产生活需要。直接采用汉式民居的做法也不可取。

因此，定居点新居住建筑风貌应回归民族文化的特色，并突出地域性文化的本质特征。其发展的主要趋势表现在：

1）地方民族建筑文化得到快速发展，带动地域民居风貌的转变

现行的生态移民定居工程针对牧区民居建筑文化的保护和发展并没有提出具体的要求，更多的是先解决居住的基本要求。但是随着定居点的发展及社会进步，部分地方政府开始重视并提出了保护和发展本地民族建筑文化的要求，一些传统民居样式建筑开始修建。一些民族居住建筑的传统色彩和装饰以及空间形式在新的居住建筑中得到回归，带动整个祁连山北麓牧区民族性民居风貌的延续与发展。

2）新居住建筑突出地域性，避免牧民定居点出现"千村一面"现象

祁连山北麓牧区定居建筑应突出各地牧区的地域特色并不断创新发展，这样既可以使各地牧民民族文化得到保护和体现，又可以避免各地定居点同质化。体现在新民居中具体为：当地传统材料与现代新型材料结合应用。牧民特有的空间形式与定居生活有机统一，形成特有的平面布局。建筑的色彩与装饰，要借鉴牧民传统民居上的建筑色彩和装饰元素，强调建筑的地域文化。

当地牧区传统的地域文化，经历了传统定居点时期的消失和弱化后，在生态移民定居点新民居中并未完全传承和显现。随着社会的发展和人的需求扩大，居住建筑植入了新的功能，采用了新建构技术和新的建构材料，形态和风貌发生了深刻变化[①]。虽然各地已经意识到民族性和地域性在新居住建筑中的重要性，但是缺乏系统和科学的研究及设计方法，这是今后牧民定居点居住建筑研究的重要内容。

4.7　祁连山北麓牧区牧民定居点居住建筑内涵的剖析

4.7.1　牧区定居点居住建筑的基因

从祁连山北麓牧民定居点居住建筑的演变和发展的过程中可以看到，牧区由定居前游牧的帐篷和土石房到传统定居点的土木和砖木住房，再到生态移民定居点的现代定居建筑，建筑的样式、材料、建造技术等发生了较大的变化。研究牧民定居点居住

---

① 成斌. 四川羌族民居现代建筑模式研究 [D]. 西安建筑科技大学，2015

建筑只有找到其内在基因，才能保证研究的科学性和准确性。

生物学认为基因具有能忠实地复制自己，以保持生物的基本特征的特点[1]。当地牧区定居点居住建筑与游牧居住建筑、传统定居点居住建筑同属于牧区居住建筑，具有共同的"基因"。这个基因也具有双重属性：物质性（存在方式）和信息性（根本属性）[2]。帐篷、土石房、土木房、砖瓦房等存在一定的差别，但其根本属性一致。按照本书第1章所述，居住内涵就是居住建筑的相关活动要遵循牧区单元的完整系统性，还要符合居住建筑关系单元的基本要求。祁连山北麓牧区居住建筑的演变也是"人、草、畜"三者的空间相互关系单元完整性的演变（见图4-25）。

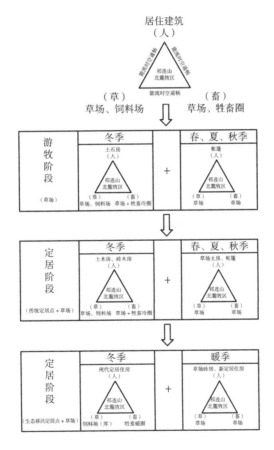

图4-25 祁连山北麓牧区"人、草、畜"三者关系的演变示意图

因此，祁连山北麓牧区定居点居住建筑需要遗传"基因"才能保证牧区居住建筑的本性。通常牧区民居的研究中基本以物质性研究为主，即研究建筑的物质存在方式，例如建筑形态、空间、材料、色彩等，同时也有对建筑的文化传承、精神呈现等非物

---

[1][2] 基因 _ 百度百科 [M]，2018

质性内容的分析，但居住建筑所具有的信息性则研究涉及较少或不够明确。因此，找到并明确该地区牧民定居点居住建筑的"基因"，可以保障整个研究的有效性和严谨性。

4.7.2 "人、草、畜"的关系对定居点居住建筑的影响解析

牧区的理想状态就是"人、草、畜"相互之间达到和谐、共生、适应、协调和统一的状态。而草原环境下的居住建筑形式是由牧民生产（方式）、生活（方式）和自然（环境）三者决定的。同时自然环境对生产生活方式产生影响，而两者共同作用对草原文化的形成具有重要作用。原始的游牧和现代放牧，是一切草原文化衍生的基础。保护草原放牧文化赖以生存的自然地理环境和传承草原文化植根的社会生产，是草原文化得以传承与发展的生命线[①]。因此，祁连山北麓牧区定居点居住建筑按照主次层级关系，受到自然环境、生产生活方式、草原文化共同影响而生成、演变和发展（见图4-26）。

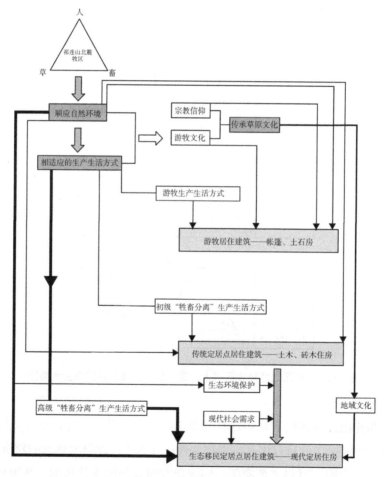

图4-26　祁连山北麓牧区定居点居住建筑影响要素分析图

---

① 任继周，侯扶江，胥刚. 草原文化的保持与传承 [J]. 草业科学，2010（12）：5-10

祁连山北麓牧区居住建筑应维护好牧区系统中"人、草、畜"三者之间的稳定状态和平衡关系（见图4-27）。牧民在早期的定居点开始定居后，一些居住建筑源自于冬季牧场的石土搭建的"窝"，先形成土房子，再逐渐演变成砖木建筑。牧民半定居时，在游牧制时期，"人、草、畜"各自内容单一且稳定平衡，传统定居点这些简陋的居住建筑形式是这一关系下的选择结果，适合当时"牧居一体"的生产生活方式。随着全定居后生产生活方式的调整，初级"牧居分离"中，依然以传统放牧的生产方式为主，但是居住发生变化，牧民"居"被定下后"住"随着各季牧场继续转动。然而，随着定居后社会的发展以及牧民收入的增加，使牧民人居活动范围扩大，传统放牧的生产方式不能满足扩大了的人居要求，特别是一些现代生活方式在牧民居住活动中增多后，对牧场环境产生了一些消极的影响，草地质量变差，牲畜食物来源受到影响。同时传统定居点牲畜圈棚质量和数量有限，周围缺少人工种草饲料用地，牲畜生长受到限制，扩建需要经济支持和信息技术的支持，偏远的位置和落后的交通影响了牧民对外的交流。而部分牧民盲目通过增加放牧空间扩大畜群数量，不但导致牲畜质量低又加剧了各季草场环境的破坏，形成恶性循环，"人、草、畜"三者稳定状态和平衡关系被打破，居住建筑随之受到影响进而发展演变。

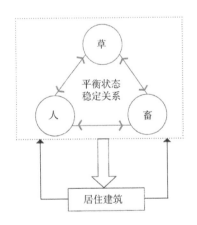

图4-27 牧区居住建筑与"人、草、畜"的相互逻辑关系图

牧民生态移民定居后生产生活方式进一步转变，由初级"牧居分离"方式转变到高级"牧居分离"方式，即"定居轮牧制"。高级方式中的"牧"是指暖季放牧与冷季舍饲相结合，不再是单纯的传统单一放牧方式。现代畜牧业将会成为生态移民定居点内的主要产业方式，但仍然是建立在以放牧为基础的草原畜牧生产的现代化产业。因此，当地牧民在生态移民定居点居住后，放牧系统单元的三位一体的基本内涵是不变的。生态移民定居点新建的牧民居住建筑仍需遵从"人、草、畜"三者间的稳定状态和平衡关系，并以此为依据开展相关建筑设计工作。

4.7.3 祁连山北麓牧区定居点居住建筑的原始模型

"原型"（archetype），意为"原始模型"，是"最初的形式"，可用这个概念来指事物的理念本源。任何事物的发展都是一个有规律可循的演变过程，其内容的置换取决于每个发展阶段所持有的价值观标准[1]。建筑在历史发展的过程中可以通过基本的原型而串联起来构成一个有机的统一体，从中可以清楚地解析出演变过程中变与不变的规律现象和不同时代所表现出的结构特征[2]。

从前文的祁连山北麓牧区定居点居住建筑影响要素分析中可以看出，该地区定居点居住建筑的原始模型是由牧区居住建筑原始的基本模型发展而成的演进模型，都是顺应自然环境和适应不同社会时期的生产生活方式的限定的结果。

（1）基本模型

1）保持与畜群之间适宜的距离

畜牧业是牧民核心产业，任何生产生活活动都是围绕放牧而展开，包括游牧和定居其生产方式依然是放牧。前文提出牧区"人、草、畜"三者间的稳定状态和平衡关系影响着牧区居住建筑，因此人与畜群的位置应保证三者之间物流和能量正常的流动，通过保持适宜的距离以利于畜牧生产。牧民所居住的建筑必然不宜远离畜群，如游牧时期的帐篷基本就是随着畜群走，在其旁边"安营扎寨"；冬季牧场的土石房屋通常也是紧靠牲畜圈。这种"人畜一体"的方式决定了居住建筑位置应尽量保持靠近畜群，两者之间的距离不能过远，维持并保持在一定的距离范围内。

2）保护节约土地不留废弃物

祁连山北麓牧区相比农区地广人稀，拥有大面积的草地，它不像农田那样对土地的要求高。但是草场资源有限，牧草又是牲畜的唯一能量来源。从游牧时牧民就对草地格外珍惜，帐篷选址搭建时都非常注意不破坏草地环境，拆卸之后都要清理好场地并恢复原状。通常传统建筑无论是帐篷还是冬季牧场的石土房子都尽量减少占地面积，做到够用就好，一般不建多余的房屋。牧民转场前再拆卸帐篷时通常要将建筑基地恢复原样，不给草场留下任何废弃物。

3）封闭规整的中心化空间布局

祁连山北麓牧区当地牧民都是具有宗教信仰的少数民族，受宗教"整体观"、"自然观"的影响以及传统民居的帐篷从选材和搭建的方式限定，居住建筑中往往存在一个整体性的内部空间，将各种生活活动甚至部分生产活动融入其中，形成一个封闭规整的中心化空间（见图4-28）。传统民居内部空间形态简洁规整布局，外表面无明显凹凸空间。冬窝子的土石建筑面宽大，进深小，内部通常只有一个空间，周围墙体密实，

---

[1] 周若祁等.绿色建筑体系与黄土高原基本聚居模式 [M].北京：中国建筑工业出版社，2007: 16, 338
[2] 雷振东.整合与重构 [D].西安建筑科技大学，2005

很少开窗。采用这种空间建构，除了受到宗教的影响外，也是受到气候的影响。

图 4-28 蒙古族毡房的内部中心化空间

4）运用地方材料，清洁用能

草原是牧民赖以生存的资源，保护草原是牧民自古以来的基本认知。一方面不破坏草原环境维持现状，另一方面合理有序地利用草原资源，实现草原资源的有机更新也是牧民保护草原的重要手段（见图 4-29）。当地牧民传统民居中的帐篷和土石房，在选材建造时都遵循着保护草原的基本原则。帐篷建筑均使用当地草原自有和自产的材料，牧民们就地取材选用植物的枯枝和牲畜的皮毛来搭建帐篷，转场时再将帐篷拆卸整理后带走，并用于下一处搭建时继续使用。土石房则选用当地的石头和生土进行砌筑，建造时将牲畜的皮毛或枯黄的牧草拌入泥浆中，用于黏结石头、土坯，使房子更加稳固。这些材料废弃后可还原于环境，对于生态系统的物质循环过程毫不影响，符合生态系统的多级循环原则[1]。此外，在牧区牧民有使用干牛羊粪作为燃料的传统，燃烧后几乎不留灰烬，不会对草原环境造成污染，属于清洁能源。

图 4-29 牧区中用牧草及石头砌筑的畜圈

---

[1] 李强. 黄土台原地坑窑居的生态价值研究——以三原县柏社村地坑院为例 [J]. 中国建筑教育，2016（03）：105-111

5）宗教融入建筑

宗教对祁连山北麓牧区传统民居中室内空间和建筑装饰上都起着重要的作用。无论帐篷还是土石建筑内部正上方都设有专门的祭祀空间，并且在室内最重要的位置（见图4-30）。

图4-30　牧区建筑中的宗教祭祀空间

扎帐篷都有严格的程序和隆重的宗教仪式。另外帐篷的门上装饰很多具有宗教特色的花纹和图案。冬窝子的土石房子外面常设有宗教祭奠的场地空间，经济条件好的牧户在门窗上也绘制宗教相应颜色和图案。此外，宗教中所蕴含的生态观对建筑的选址、选材具有重要的指引作用，影响着建筑的营建和使用。

6）避风向阳、沿水近路

祁连山北麓牧场分布于河谷和山地，气候方面既具有温差大、四季分明的大陆性气候特点，又具有水热显著垂直地带性变化的高山气候特点。牧民从适应当地气候及游牧方式出发，扎营时帐篷选址按照避风向阳的原则，再依据山形和水路确定坐向，多数坐北向南，也有坐东向西或坐西向东的。牧民在冬季牧场建造固定房子时选址在避风向阳、暖和、靠山、沿水路的地方，便于牧民利用冬歇期集中与外界进行交流。因此，建筑选址在满足基本要求的基础上尽量靠近山区道路。

（2）演进模型

祁连山北麓牧区定居点居住建筑具有基本原始模型的特征，并在其基础上结合牧民定居后定居点的自然环境特点以及生产生活方式的变化做出改进后形成了该地区定居点的演进模型。

1）集中式的建筑群体布置

牧民定居后由原来的散居逐渐转向聚居，定居点所承载牧户的规模和数量上要高于游牧时期。定居点内的居住建筑数量相应增多的情况下，各个定居建筑之间更为集中布置，一方面源于定居点建立初期的实际情况，集中式的布置有利于节省人力物力；另一方面也便于定居点的管理和基础设施的使用。聚落空间形态聚合性更强。

2）最大限度获得日照

牧区处于严寒地区,建筑室内取暖成为主要问题,而该地区具有丰富的太阳能资源,年均日照时数在 2800h 以上。定居建筑布局选址多数坐北向南,建于阳坡之上。定居建筑开门开窗在向阳的一面,可以获得充足的光线,并能从中获取热能。室外紧挨建筑向阳面的空地,多是定居牧民日常户外生产生活的场地空间。

3）开敞式院落

牧区定居建筑的院落空间对于牧民来说,使用作用并不突出。这一方面与传统中草原即家的思想有关,也与草原人口稀少和传统放牧的生产方式有关。但随着牧民定居时间的增长,自我意识的增长,开始在定居建筑修建院落。这些院落多为开敞式空间,常采用轻质树枝或石头围建而成,院墙通透或者高度较低,更多是起到空间围合的作用。院落的功能多用来存储杂物,规模较小。

4）建筑的视觉形态

定居点居住建筑受到游牧时期冬窝子的石土房的影响,同时又结合牧区所属地区汉式民居样式而形成。建筑顺应气候和地形,采用一字形的建筑平面,门窗尽量少开,建筑外部平整。同时建筑方体的空间形态更适应牧民定居后生活内容对建筑提出的要求。从防寒和排水的要求出发,定居建筑采用屋顶形式,与外墙一起呈现出中心对称简单规整的定居建筑视觉形态。

总之,祁连山北麓牧区居住建筑的演变始终伴随着其"原始模型"而发展,这一"模型"使得当地居住建筑能够保持对当地山地草原特定的气候及地形状况与生产方式的适应。牧区定居点居住建筑从"原生"走向可持续发展,更对新居住建筑的设计起到重要的启示作用。

4.8 小结

本章主要对祁连山北麓牧区牧民定居点居住建筑演变和发展进行了系统的分析。

首先,通过对当地牧区不同时期和不同类型的定居点居住建筑进行梳理,从社会变革、建筑演变历程、聚落演变、建筑空间演变、建筑技术演变及建筑用能演变等多个方面研究探讨。

其次,对定居点居住建筑演变进行了深入的研究,揭示出当地定居点居住建筑演变影响因素,并对其发展趋势做出探讨。

最后,通过系统化的分析总结,对祁连山北麓牧区定居点居住建筑的内涵进行剖析,提炼出该牧区居住建筑存在形式和演变的关系并提出当地居住建筑的原始模型,为后续的建筑设计提供依据。

祁连山北麓牧区牧民定居点居住建筑设计策略

5.1 策略的依据及原则

5.1.1 策略依据

从祁连山北麓牧区的地域环境背景出发,以《北京宪章》、《全国生态功能区划(修编版)》、《中华人民共和国自然保护区条例》、《全国游牧民定居工程建设"十二五"规划》以及"西部各省市及自治区牧民定居工程相关政策"等文件为指引,作为该牧区牧民定居点居住建筑设计策略的整体依据。

以解决当地牧区牧民定居点居住建筑存在的现实问题(①暖季定居点"空巢"现象普遍所带来的居住问题;②建筑与自然环境匹配性不够,建筑用地的节约性不足;③建筑空间不适应新生产生活方式;④建筑用能方式缺陷导致能耗过高;⑤建筑适宜性技术的缺失;⑥地域建筑文化传承方式单一)并回应建筑所应具有的社会学属性、形态和艺术学属性、技术科学属性特征为要求[①],作为祁连山北麓牧区牧民定居点居住建筑设计策略的具体依据。

遵循当地牧区定居点居住建筑演变特征及规律,以居住建筑应维护牧区系统中"人、草、畜"三者之间稳定状态和平衡关系的内涵作为根本,基于建筑原始模型共同作为祁连山北麓牧区牧民定居点居住建筑设计策略的内在依据。

5.1.2 策略原则

(1)综合考虑地域要素和时代性要求,满足牧民现代生产生活需求

各地区居住建筑除了受当地特定地域地理气候和自然环境影响外,还受特定地域人们生活模式与审美情趣以及建筑技术材料的影响,不同的地域文化以及建筑技术材

---

① 靳亦冰,党瑞,魏友漫.西部绿色人居环境的推进者——刘加平院士访谈 [J]. 新建筑,2013(03):52-58

料使建筑文化丰富多彩 ①。建筑还是时代的反映，建筑应具有时代性。时代性是要建筑在传承与创新中变化，同时要具有建筑所处的那个时代的历史文化和技术烙印，每个建筑都应该是那个时代的"新的时代建筑"②。因此，牧区牧民定居点居住建筑不但要拥有地域性特征，还要符合时代性要求。

居住建筑的本质是为人们提供生活所需的良好室内外空间环境，满足人的需求。因此，在对祁连山北麓牧区牧民定居点居住建筑进行设计的时候，要符合牧民定居后生活模式，满足牧民现代生产生活需求。做到以人为本，使牧民居住活动能够更方便更舒适。具体来说要注重以下两个原则：

1）满足物质方面的需求。即要满足当地牧区牧民定居后的生活和生产方面的要求。通过前文对于本地区的地域环境特征、社会发展状况、传统居住习惯、定居后新的生活生产方式等方面的研究，确定居住建筑选址、布局、功能空间、技术手段方面要素，以此来满足定居后牧民对现代生产生活的需求。

2）满足精神方面的需求。要实现牧民对于定居建筑的认同感和场所精神。建筑作为人类对自然环境回应的体现，除了要满足具体的使用功能外，还是人类意识体现的重要载体③。居住建筑的形态、空间、装饰等都反映着居民自身的精神世界和对审美的需求。因此，在策略中应充分考虑到当地牧区牧民的民族属性，在建筑中充分体现当地草原文化、民族文化和宗教信仰文化等，以满足牧民定居后对于精神文化的需求和对场所的认同感。

（2）降低建筑能耗，利用可再生能源，提供健康舒适的室内环境

祁连山北麓牧区属于严寒地区，气候寒冷，采暖期长，牧民对住房采暖的需求较高。传统定居点居住建筑采用传统采暖方式，效率低下且对室内外环境污染严重，而生态移民定居点多层居住建筑采暖方式效率高，但采用化石能源导致大量的碳排放，对生态环境造成破坏，因室内空气温度过高，室内干燥，建筑舒适性受到影响。

建筑设计应降低和减少建筑的能耗损失，利用当地的具有优势的可再生资源、当地材料及其他资源，使其利用率达到最高，从而减少煤炭等化石能源的使用，通过整体设计降低建筑用能。改进建筑设计方法，充分利用被动式设计策略创造舒适健康的室内环境。

5.2 顺应自然生态环境的控制性设计策略

5.2.1 避风向阳、近水沿路的建筑选址

建筑选址顺应自然生态环境中的气候因素，最主要的就是争取太阳辐射和避开寒

① 彭建国，汤放华.论建筑的时代性与地域性[J].华中建筑，2011（05）：164-165
② 石锴.时代性还原的地域性建筑——建筑创作中的时代性、地域性[J].工程建设与设计，2012（S1）：34-36
③ 陈林波.青海海北牧区牧民定居建筑地域适应性设计研究[D].西安建筑科技大学，2015

风。在争取太阳辐射中，就是更多获得太阳照射时间，建筑选址应尽量选在山的南坡、河谷的北边，如果在开阔的地方建筑的主朝向为南，在狭小的地方以获得更多日照的朝向为主（见图5-1）。

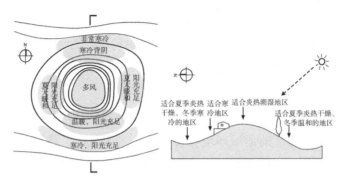

图 5-1　山地地形与建筑选址的关系

建筑选址顺应自然生态环境中的地形地貌因素。祁连山北麓牧区主要的自然地形地貌就是山地，因此该地区牧民定居点居住建筑选址应尽可能尊重场地的地形地貌，为了便于牧民和牲畜饮水，应尽量选择近自然河流的地带（见图5-2）。不应在靠近河边和陡峭崖壁且土质松软的区域作为居住建筑建设点，应选择地势高、太阳辐射时长的开敞区域。同时，定居点规划选址时都是沿牧区主要公路展开，因此公路两边的地段经人工规整后用于建设，地基承载力高，地质条件良好，公共设施全，交通便利，也可避免和减少对周边生态原生土地的使用，适合作为建筑建造基地。

图 5-2　传统定居点居住建筑选址位置情况

建筑选址要考虑自然生态环境中的植被因素，建筑选址得当与否还会对当地生态环境造成影响，特别是处于山地环境中，要考虑如何结合山地坡地走势，尊重场地原有的植被状况，减少对土壤及地表植被的破坏等。

5.2.2　集中式的群体布局，集合式的建筑布局

建筑群体布局时应考虑周围山势环境，通过集中式的布局方式使整体及个体建筑得到足够的太阳辐射，避免分散布局带来的群体建筑中获得日照时数不均的现象，并由此对建筑群体建筑数量和规模进行有效的控制。为了节约建筑用地及保证日照时长，控制建筑日照间距应至少保证冬至日有效日照时间为 2 小时。建筑物群体布局应紧凑，空旷谷地建筑间距宜控制在 1 ∶ 2（前排建筑高度与两排建筑间距之比）的范围内，也有助于后排建筑避开寒风侵袭。山坡台地利用高差获得足够日照时间，在符合建筑疏散和交通要求的基础上尽可能多地减少前后间距。当地牧区冬春季盛行西风，为主导风向。通过建筑物群体集中式布局，避免建筑群内部形成冷风道，形成良好的小气候环境。

牧民定居点居住建筑形成一定规模的居住区，一般选在位于坡度相对平缓的山地地段。建筑沿地形布置，则大致反映出基地形状。对于具有一定规模的牧民定居点山地居住建筑群体，建筑沿等高线布置，群体布置关系表现山体的转折趋势，并注意保留原来地表的植物带[①]。建筑布局上利用地形地势选择集中布局，作为集合的整体应背靠山坡，利用原有植物带作为隔离带和减速带，可在冬季有效降低表面的风压和减少吹风量，减弱对群体建筑物的影响。

祁连山北麓牧区定居点居住建筑每户是按照统一的面积和标准实施建设的，在住户总数一定的基础上控制整个建筑组合方式有助于充分利用太阳能和充分利用地形，可改善人居环境和降低能耗[②]。采用集合式的建筑单体组合方式是最有效的方式，可以有效减少整个建筑外表面积，减小体形系数，实现节能、节材、节地的目的，也有利于建筑施工，提高建筑的安全性（见图 5-3）。

图 5-3　集合式的建筑布局示意图

① 丁武波 . 大理诺邓村山地白族聚落与建筑研究 [D]. 重庆大学，2011
② 陈林波 . 青海海北牧区牧民定居建筑地域适应性设计研究 [D]. 西安建筑科技大学，2015

5.2.3 建筑用地的红线控制

祁连山北麓牧区生态移民定居工程作为草原生态保护工程的主要内容，随着传统定居点的减少和放弃，生态移民定居点成为本地区牧民定居点的主体。生态保护红线是指在自然生态服务功能、环境质量安全、自然资源利用等方面，需要实行严格保护的空间边界与管理限值，以维护国家和区域生态安全及经济社会可持续发展，保障人民群众健康[①]。结合移民定居土地利用和所属权的特点及规定，应对定居点建设用地采用红线控制的方式，对居住建筑用地规模和范围进行控制。

祁连山北麓牧区处于我国重要的祁连山国家自然保护区内，草场资源丰富但总量有限，无论从生态环境的保护还是保持牧区的可持续发展角度，应对该地区建设用地进行合理的规划和有效利用。牧区地广人稀，在传统定居点定居的牧民户数及人口数量有限，居住建筑用地不受限制，可以随意建设。但是生态移民定居后，定居点的规模更大和各类建筑建设量大增，不能再按照传统建设用地方式那样，实行粗放和开放的方式，必须控制建设用地规模，减少草原土地资源利用。通过定居点居住建筑用地红线控制，可忠实体现地域资源与经济技术水平，形成明确适宜的建筑用地界线。

5.2.4 就地就近取材，使用可再生能源

祁连山北麓原牧区牧民自古就有就地取材的传统，牧区内的石头、木材、牧草、黏土、牲畜皮毛常作为建筑材料被用在传统民居。牧民有使用干牛羊粪作为燃料的传统，燃烧后几乎不留灰烬，不会对草原环境造成污染，属于清洁能源。顺应当地自然生态环境，必须从居住建筑的"择材择能"上严格控制，应选择草原自有的及牧区周边城市生产的材料和能源，材料应可降解无毒，能源应是可再生清洁型的。

当地山地草原牧区生态环境脆弱，保护和维护生态环境首先必须实施可持续发展战略。将牧民定居点电气化、用能方式的现代化为重点目标，推广各种可再生能源技术的应用，再辅助以节能建筑构造设计，构成该地区节能的主要途径[②]。结合祁连山北麓牧区的具体情况，具有开发前景的可再生能源主要有：太阳能、生物能等。通过直接和间接的方式，结合主动式及被动式技术，应采取因地制宜、灵活多样的利用模式与该区域牧民定居点居住建筑规划设计相匹配。降低目前煤炭、液化气等化石能源的使用量，减少对环境的碳排放，从而实现牧区社会及环境的可持续发展。

① 生态保护红线需细化管控_评论_中国环境[M]，2018
② 陈林波.青海海北牧区牧民定居建筑地域适应性设计研究[D].西安建筑科技大学，2015

5.3 建筑空间的适应性设计策略

5.3.1 明确化的空间功能

建筑空间的适应就是空间功能上的适应，适应牧民定居后居住需求变化对空间的要求。新居住建筑的空间功能不仅要满足现时现地的需求，还要能够适应未来的发展变化。建筑设计中通过改变以往居住建筑功能空间的模糊性和混合性，按照现代化居住需求及特点对空间功能进行明确。

首先，明确新居住建筑的功能空间的类型。按照牧民定居后生产生活的特点以及现代社会发展要求，结合牧民实际居住行为将居住建筑功能空间明确为：主要居住空间、生活辅助空间、生产服务空间、院落空间和阳光间。改变过去牧民居住建筑内生活生产空间混杂、主辅空间不分的情况，使空间功能明确和完善。

其次，突出居住空间的主体地位，完善生活辅助空间。适应现代生活需求，卧室、客厅等主要居住空间需进一步明确具体功能。卧室要确立主卧室概念，分成主卧室和次卧室，尊重住户人群的私密性要求；客厅功能更要明确和独立，成为居室中的中心空间，重视生活便利性。添加现代餐厅、厨房、卫生间、储藏等生活辅助空间，通过现代居家生活设施的使用改善居住品质。

再次，居住建筑中要设有存储空间用于生产服务的功能需要。这类空间主要是储藏室和停车场地，设置上要与居住适当分离，成为居住的补充，也可以为以后草原生态旅游发展后，牧民利用居住建筑开设"牧家乐"留出足够的使用空间。

最后，将附加阳光间作为定居点居住建筑重要空间进行明确。通过整体化设计与其他居住功能空间进行合理组合布局，利用当地的气候特征并适应定居后牧民对居住空间要求的新变化。

5.3.2 适宜性的空间布局

牧民定居点居住建筑在功能布局中，针对高级"牧居分离"生产生活方式下的相关活动对居住建筑的使用要求，以及随着牧区现代社会发展牧民定居生活发展变化做出相应的考虑。还要适应当地气候与地形，从建筑的保温、充分利用太阳能等方面进行综合考虑，并符合游牧民族宗教信仰对空间的使用要求，参考建筑原型中封闭规整的中心化空间布局而做出适宜性的布局方式。

牧民生态移民定居后，新居住建筑的设计可在原有居住建筑空间布局的基础上，按照现代乡镇居住生活标准布局空间。居住建筑平面整体保持"一字形"，平面布局中以客厅为中心，周围布置门厅、卧室、餐厅、厨房、卫生间等空间，卧室前设置阳光间成为家庭活动空间的一部分。卧室布置上需主次分离，餐厅与客厅融合在一起，形成"餐客一体"的大空间，也符合牧民传统生活风俗习惯。这类大空间也是进行宗教祭拜的场所，要为牧民宗教信仰活动的需求留出足够的空间。

净污分离的空间布局，保证室内居住的舒适度和方便生产活动，储藏室应与室内居住生活空间分开，并设置独立的出入口由室外进出。储藏室内可根据各户具体情况，分置出生产和生活空间方便使用。

设置门厅，可以有效防止进出建筑时大量冷空气进入室内降低室内气温。按照客厅作为中心空间布置的原则，入口门厅空间设置在南向，与客厅相连。使门厅形成一个过渡及隔离空间，避免室外冷空气直接进入客厅，增加客厅温度的稳定性。

新移民定居点牧民居所建设，应在新建住房设置小型院落。房屋及小型庭院的空间布局基本满足了牧民定居后生产生活的需要。

5.4 适宜性技术利用的优化性设计策略

5.4.1 选择地方材料的现代化建构方式

随着社会的发展和技术手段的不断进步，牧民定居建筑构造形式选择应遵循安全、经济、合理的原则，材料的选择上要注重经济、实用、低污染的原则，同时要注重对传统建筑材料的应用和改进[1]。新定居建筑设计中以当地材料和绿色环保材料作为建筑用材，通过现代化技术及工艺对建筑房屋进行建构。建筑材料上选用当地的石块和生土及牧区周边就近厂家生产的环保砌块作为建筑的主要填充材料（见图 5-4）。

图 5-4 牧区可采用的部分绿色环保建材

建筑主体根据建筑层数可采用砖混结构或框架结构墙体填充的方式。框架结构具有安全性的优势，同时建筑空间的可变性更强，做法上，将生土材料或生态砌块砖，通过填充或砌筑的方式应用在除向阳面外其余三面外墙体上。保证和加强了建筑的稳定性的同时又提高了建筑的保温性能，并可形成中心客厅的大空间。结合当地的气候特点，建筑南向外墙开大窗，北向开小窗方便通风，东西方向不开窗。为了提高窗户的保温性能，窗户应采用塑钢双玻窗。屋面采用惯常做法即可，屋顶则搭木质、混凝土、轻钢材料等屋架，挂屋面板后设保温层，再铺设有机瓦。

---

① 常睿. 内蒙古草原牧民生活时态调查与民居设计 [D]. 西安建筑科技大学，2016

5.4.2　太阳能资源的多级利用

祁连山北麓牧区太阳能资源丰富，新定居建筑设计中要充分利用这种可持续的清洁能源，并实施相应的策略。从牧区生态环境保护、节能减排出发，依据当地经济发展水平和传统利用太阳能的习惯，新居住建筑采取以被动式太阳能利用为主要方式，主动式技术为补充，综合空间、构件、材料、设备、设施等方面进行多级利用，进行一体化设计。

（1）被动式太阳能利用

通过被动式太阳房设计，可以在不同程度上满足建筑物在冬季的采暖要求。按其利用太阳能的过程和方式，一般分为直接受益式、集热蓄热墙式和附加阳光间式三种。三种基本形式在牧民新居住建筑设计中可综合应用在每栋建筑中。

直接受益式是让阳光直接进到室内加热房间的取暖方式(见图5-5)。具体措施如下：向阳面的南向墙体设置为集热墙和蓄热体，并设置大面积的玻璃窗，冬天阳光直接照射至室内的地面、墙壁和家具上，使其吸收大部分热量，因而温度升高。按照住房室内空间的主次关系，主要房间设在向阳一面，其他次要房间设置在其他方向。增加向阳面南向窗户的面积并保证窗扇具有较好的密封性能。

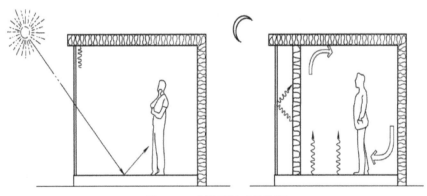

图 5-5　直接受益式示意图

集热蓄热墙式利用南向垂直集热墙吸收穿过玻璃采光面的阳光，并通过传导、辐射以及对流，把热量送到建筑室内（见图5-6）。具体措施如下：蓄热墙设置在向阳的南向，外墙采用深色的装饰材料，以便有效地吸收阳光。结合建筑造型将建筑入口位置墙体设置成集热墙；蓄热墙采用蓄热性能好的墙体填充材料；蓄热墙内侧与房屋之间设置过渡空间用做空气间层，当温度升高后，热空气通过对流方式把热量传给室内。

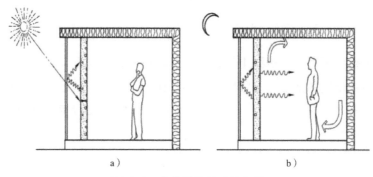

图5-6　集热蓄热墙式示意图

　　附加阳光间就是在居住建筑向阳面南向，其围护结构全部或部分由玻璃等透光材料构成，中间用一堵墙（带门、窗或通风孔）把房子与阳光间隔开（见图5-7）。晴天白天和雨雪天夜间分为两阶段，第一阶段处于集热状态，第二阶段处于散热状态。具体措施如下：阳光间的外立面要平整，避免转折，顶部设为倾斜玻璃；阳光间的进深以1.5m左右为宜，地面应尽量选用深色材料，便于集热。

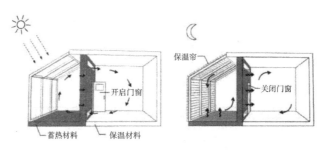

图5-7　附加阳光间示意图

（2）主动式太阳能利用

　　主动式太阳能利用主要是太阳能热水、太阳能发电以及太阳能采暖等。其中适合祁连山北麓牧区的主要是太阳能热水和发电，并随着科技的发展更多低价普及型的太阳能设备进入牧民家庭。针对主动式太阳能利用，在建筑设计初始，提前将太阳能系统包含的所有内容作为建筑不可或缺的设计元素加以考虑，巧妙地将太阳能系统的各个部件融入建筑之中，使太阳能系统成为建筑不可分割的一部分[①]。

　　定居点现有居住建筑中，太阳能热水器已经得到普及，部分牧民家庭也使用了太阳能发电板（见图5-8）。牧区处于山地环境中，周围山势对太阳具有一定遮挡，在现有情况下如何最大限度地获得日照时长，成为设备利用的关键。设计上将太阳集热和集能板与建筑坡顶相结合，整合统一后也保证了建筑外形的美观。

① 成斌. 四川羌族民居现代建筑模式研究 [D]. 西安建筑科技大学，2015

图 5-8　主动式太阳能设备

5.4.3　选用适宜的节能措施

（1）主动控制民居的体形系数

体形系数是指围合建筑外表面积与所包裹的体积的比值。建筑体形系数越小则意味着外墙面积越小，也就是能量流失途径越少，对节能具有重要的意义。严寒和寒冷地区居住建筑节能设计标准（JGJ26 — 2010）中规定，严寒地区小于等于三层的建筑的体形系数宜小于或者等于 0.50。按照祁连山北麓牧区牧民定居点居住建筑的面积和造价的控制要求，结合建筑用地情况减少建筑体形系数的措施有：整个建筑的外立面平整，不做多余的转折和凹凸；适当增加建筑的层高；采用多户集合式的建筑形式，联建共墙等。

（2）加强建筑的保温性能

传统定居点居住建筑，因牧民对组合材料的保温性能缺乏科学的认知，几乎很少对建筑围护结构做有效的保温措施。故在新居住建筑设计中通过加强建筑的保温性能，可以大幅度提高建筑的保温蓄热能力，降低建筑能耗。建筑中应重点加强对建筑屋面和墙体、地面、门窗的保温，在设计过程中选用经济实惠、保温效果好的材料。

针对屋面的策略：屋面由外到内铺设暖色有机瓦，内部保温层不宜选用密度较大、导热系数较高的保温材料，以免屋面重量、厚度过大[1]。应选择质量轻性能好的膨胀珍珠岩板、聚苯板、矿棉板等材料，同时可以通过构造设计，经过檩条，通过屋架在屋顶位置设置空气间层、吊顶层等措施提高保温隔热性能。

针对墙体的策略：外墙要符合牧区当地的保温节能技术要求，采用当地生土材料和粉煤灰空心砌块，并需要配套外加保温构造，可选的组合有聚苯乙烯板材、岩棉板、玻化微珠保温砂浆等内外保温和自保温相结合的方式。

针对地面的策略：祁连山北麓牧区室外地表冬天温度低，冻土较深。建筑如果与室外土壤直接接触，容易造成室内大量热损失，并影响居民的健康。具体做法上，设置地面保温层，采用挤压聚苯板、干牧草等做垫层再铺设地面材料或热阻较大的地砖

---

① 王春梅 . 浅议建筑节能的途径 [J]. 甘肃科技，2010（22）: 147-148

直接铺设地面。

针对门窗的策略：门窗是围护结构中节能的一个重点部位。首先，根据朝向合理控制建筑每一侧的开窗率和窗墙比例，同时确定窗户的最佳位置、尺寸和形式。南向窗户面积尽可能增大，北向开设面积尽量小的高窗，尽量避免在东、西向开窗。另外，新居住建筑门窗要最大限度地减少渗透量和传热量，应采用塑性窗框和节能玻璃，并通过密封材料增加窗户的气密性，门窗框与墙间的缝隙可用橡胶、泡沫密封条以及高低缝、回风槽等措施提高气密性。门窗玻璃可采用中空玻璃、镀膜玻璃，有条件的住宅可采用低辐射玻璃，合理地减少可开启的窗扇面积，适当增加固定玻璃及固定窗扇的面积。

5.5　地域建筑文化传承的再生性设计策略

5.5.1　传统建筑形态的现代功能化运用

地域建筑文化传承的设计策略中应积极挖掘地域文化中建筑形态的特征性因素，将其转化为新建筑功能性的表现形式，使建筑的演进能够保持文化上的特征性和连续性[①]。祁连山北麓牧区传统民居建筑形态中，最能反映地域建筑文化特征的就是帐篷建筑，也是最典型的牧民传统民居。现代牧民定居住房建筑形态与传统帐篷不同，前者与现代定居生活方式和现代材料直接对应而形成。现有的做法多采用简单的装饰构件，对传统建筑形态进行符号化的模拟。

通过巧妙运用现代材料和现代技术，融合现代空间功能，可以设计具有民族与地域建筑形态特点的新居住建筑，并且这种设计方式在当代的建筑技术体系中可更大程度地保证建筑实施的可操作性。通过使用混凝土、钢、玻璃、有机建材等现代材料利用现代建造技术手段形成一种新的组合方式，保持了整个牧民定居点内居住建筑风貌的统一性。下面从外墙立面、檐口屋顶、院落形式三方面探讨具体的设计方法。

外墙立面：新居住建筑应采用单层或两层建筑形式。从草原文化习俗的角度出发，牧民不愿意远离草原，希望出门就能踏上土地。结合控制建筑的体形系数，新居住建筑外墙平整，各面外墙保持整体性和完整性，采用最少的材料进行饰面。向阳面的南向立面结合阳光间设计，宜采用整面玻璃进行规整式布置。

屋顶设计：新居住建筑为了减轻冬季积雪对屋顶的重力，便于雪消融后的雪水和夏季雨水迅速排走，降低漏水的风险，建筑应尽量采用坡屋顶。屋顶的屋脊采用现代轻钢材料，做成弱化和简单的效果，使坡顶形成一个整体盖状。坡顶饰面采用有机整体型材料，保持坡面的平滑完整。坡顶室内依据房间的具体功能而定，可采用平吊顶，

① 全晖.由机械理性到整体有机的转变——生态思维及其影响下的建筑观和设计思路[J].新建筑，2003（01）：24-26

这样坡屋顶与室内的平吊顶之间形成空气保温层，有利于冬天的保温和蓄热。

院落形式：新居住建筑的院落功能主要用来停放交通运输机动车和进行室外生产活动。院落的规模控制在较小的范围，延续开敞式的形式。院墙选择金属材料和有机塑型材，采用栏杆的方式进行围合，高度控制在 1.5m 以下，栏杆的颜色和组合上宜采用传统民居围栏的式样。

5.5.2 传统建筑内部中心化空间的现代营建方式

祁连山北麓牧区牧民受宗教的影响牧民形成了以自然为中心的宇宙观，"中心化"观念已经植入到牧民内心深处。传统民居中往往存在一个整体性的内部空间，将各种生活活动甚至部分生产活动融入其中，形成一个封闭规整的中心化空间结构，成为草原地区地域建筑文化的代表性特征。

新居住建筑设计中封闭式中心化空间与功能空间相结合，以客厅为居住建筑的中心，将餐厅纳入到客厅中形成一体化中心空间。把"餐客一体"的中心空间设置较高层高。门厅、卫生间、厨房及卧室围绕中心空间布置，整个空间封闭规整。建构上在中心空间及两侧空间四角位置上布置结构框架柱，四周墙体除向阳一面外其余三面墙体采用砌块填充砌筑形成。屋顶搭木质或轻钢材料屋架，挂屋面板后设保温层，室内可不做吊顶，形成坡顶，顶部开小窗通风，外铺设瓦片。通过设计形成一个具有现代功能的整体空间，有效传承了传统地域建筑文化（见图5-9）。

图 5-9 现有牧民定居住房内部空间

5.5.3 传统建筑色彩装饰的现代表达

祁连山北麓牧区传统居住建筑主要的形式就是帐篷建筑，包括裕固族的褐子帐篷

图 5-10 藏式定居建筑色彩装饰的现代表达案例

和藏族的黑帐房等。两种帐篷样式几乎相同，都源于游牧文化，受到草原的宇宙观、生命观、宗教观的影响。地域建筑文化中主要体现在观念、色彩、装饰等，其中色彩及装饰作为直观的外在视觉语言，对地域建筑文化认知具有重要的作用。

当地草原的民居色彩装饰以朴素、自然的色彩为主要特征。传统建筑色彩主要是黑色、藏红色、黄色和白色等。民间装饰纹样类型主要有动物、植物和几何纹样，装饰在建筑上形成自身的特色（见图 5-10）。

牧民新居住建筑设计中，传承传统建筑文化重要的一点就是有效地将传统建筑上的色彩装饰在新建筑上体现。新居住建筑与传统帐篷建筑形式不同，不能简单地直接复制，应结合现代化的材料及构造做法合理用在新建筑上，实现牧民现代居住建筑中地域建筑文化的传承。

以裕固族新住房为例，可采用的做法有：建筑外立面色彩的重点在整体协调与对比，并考虑主次关系。建筑外墙选取现代有机涂料粉刷成灰白色，屋顶使用有机红瓦形成坡顶面，基础部分使用当地黄褐色石头利用现在技术加工后砌筑形成。檐口刷成赭石色，形成深色横带突出建筑外观。将传统帐篷上的装饰图案，按照原有帐篷形式，在门框套、窗框套和檐口位置，采用现代材料的预制构件着色的方式装饰到新居住建筑的相应位置上，并根据具体房屋情况做合适的比例尺寸，体现了裕固族传统建筑装饰文化的率真与质朴，也强化了祁连山北麓牧区当代建筑地域性特征。

5.6 小结

本章主要对祁连山北麓牧区牧民定居点居住建筑设计策略进行了系统的论述。

首先提出该地区牧民定居点居住建筑设计策略的依据和原则。以地域环境背景和现实问题作为依据，在时代性、地域性、节能环保的原则下，展开可持续性的绿色居住建筑设计。

然后提出顺应自然生态环境的控制性设计、建筑空间的适应性设计、适宜性技术利用的优化性设计、地域建筑文化传承的再生性设计四点祁连山北麓牧区牧民定居点居住建筑设计综合方法。

通过避风向阳、近水沿路的建筑选址，集中式的群体布局、集合式的建筑布局，建设用地的红线控制，就地就近取材，使用可再生能源这些途径实现建筑与当地自然生态环境的和谐与共生。

以明确化的空间功能和适宜性的空间布局具体策略，实现居住建筑空间现代适应性的整合。而选择地方材料的现代化建构方式，太阳能资源的多级利用，选用适宜的节能措施则是通过技术方式保护生态环境。

最后以传统建筑形态的现代功能化运用，草原宗教观中心化空间的现代营建，建筑色彩装饰的现代表达作为策略，传承地域建筑文化并通过创新方式在新居住建筑设计上集中体现。

祁连山北麓牧区牧民定居点居住建筑模式研究

6.1 模式的理论建构

把解决某一问题的方法归结到理论的高度，那就是模式[①]。模式（Pattern）就是解决某一类问题的方法论。居住建筑模式就是解决居住建筑问题的方法论，根据新的居住需求，寻找环境、资源、技术、文化等与建筑之间的新逻辑关系，建立与之对应的新建筑模式。对于祁连山北麓牧区定居点居住建筑的现代化、生态化、地域化的要求，发掘其规律性，明确共性关键问题，建立"模式"理论是最为有效的解决途径。

6.1.1 居住建筑模式理论关系图示

居住建筑模式的理论是以系统论为基础而建立的，系统具有整体性、关联性、等级性、动态平衡性、时序性等基本特征。祁连山北麓牧区定居点居住建筑是由系统各要素在一个时空点上共同作用的结果，是其要素之间形成的一种稳定的内在关系。这点与牧区"人、草、畜"三者间关系的稳定和平衡状态对牧区居住建筑的作用具有一致性。

建筑具有其独特性，同时具备科学技术、社会性和艺术性，既具有物质属性又具有非物质属性。通常事物具有了多重属性，其本身自成系统，属性越多系统越复杂。系统内部的要素的数量及其相互作用的机制也影响着系统的状态及结果。

地域主义下的建筑模式在建筑基本属性的基础上强调建筑的地域性，形成建筑空间模式、技术模式和文化语言模式。其建筑模式系统构成，见图6-1。而新的要素加入到系统中，系统必然做出反馈，并根据新要素的数量及属性做出调整和变化形成新的系统。新地域主义下的建筑模式就是在地域主义下建筑系统内加入现代化要素，经

---

① 王芳.怒江流域多民族混居区民居更新模式研究 [M].北京：中国建筑工业出版社，2017：147

过相互作用后而形成的新模式系统，其系统构成见图6-2。现代化要求的加入对原有建筑模式进行了更新和明确，形成地域主义下的现代建筑空间模式、现代技术模式和文化语言模式。

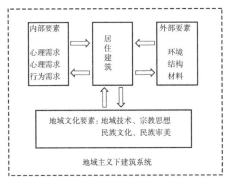
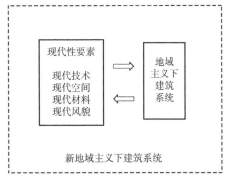

图 6-1 地域主义下建筑模式系统的组成要素　　图 6-2 新地域主义下建筑模式系统结构关系

6.1.2 牧民定居点居住建筑模式的形成

祁连山北麓牧区定居点居住建筑与其他民居一样，由功能、技术和文化三大要素直接相互作用而形成，三要素之间主次有别，形成辩证关系，从而形成由功能空间模式、技术模式以及文化语言模式组成的建筑模式。

新时期下当地牧区居住建筑中主导要素发生变化，特别是经过异地移民定居后，居住建筑在保持牧区居住建筑内涵的基础上，脆弱的自然生态环境、高级的"牧居分离"的生产生活方式和现代社会发展对居住建筑的影响要大于传统地域文化的影响。因此，该地区牧民定居点居住建筑在当前时期各要素所占权重中技术和功能大于文化，而这些新变化与原建筑模式产生对应关系后，形成一种新的建筑模式，见图6-3。同时，新建筑模式应以建筑的原始模型为基础，经提炼和归纳后与新的变化要求一同形成各个建筑模式的具体内容，见图6-4。

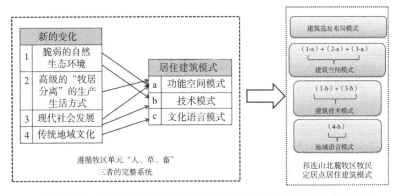

图 6-3 祁连山北麓牧区牧民定居点居住建筑模式的形成示意图

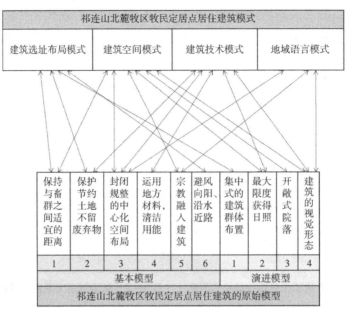

图 6-4 新建筑模式与建筑原始模型之间的对应关系

因此,新的建筑模式是在传统建筑模式和建筑原始模型的基础上继承、转变和创新,并使之实现:(1)建筑选址布局模式既符合建筑顺应自然环境的要求,又可实现建筑节约用地;(2)新的建筑空间模式既包含传统空间的特质,又能体现新的生活内容;(3)新的建筑技术模式既体现牧区传统民居的生态智慧,又能实现建筑的坚固、舒适、美观,超越以往定居建筑;(4)新地域语言模式既具有传统民居所蕴含的文化特征,又能实现建筑的时代性。

6.2 建筑选址布局模式

牧民定居点居住建筑受到当地牧区自然生态环境的制约,气候、地形地貌、生态问题等因素决定了建筑的选址和整体布局,进而影响定居点聚落形态、整体风貌、经济性、舒适度、节地、节能等方面。

6.2.1 建筑选址

祁连山北麓牧区整体处于地形起伏的山地环境中,应避开冲沟、滑坡、塌方、断层等容易引发灾害的地质条件不良地带。选择地基承载力高、地质条件良好、环境较好、交通便利的地段。尽可能顺应场地的地形地貌,充分利用地形减少开挖,尽量保护原生土壤与植被,可有效降低建筑的建造能耗。山坡与河谷是主要的用地形态,尽量选择地势高,长时间面阳的地段用于房屋建设。建筑选址在山坡时,应选在连续向阳、面积大、无深凹谷的缓坡。建筑依坡、沿坡筑台而建，顺应自然缓坡建房使建筑整体与坡地协调，而采用挖填式筑台。河谷地带因靠近水源，地质环境比较稳定，滑坡灾害影响小，居住建筑也可选址于此（见图6-5）。选址在干湿状况、日照条件和主导风向有利的位置，避免建筑运行能耗的增加。

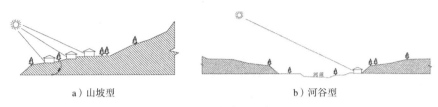

a）山坡型　　　　　　　　　　　b）河谷型

图6-5　建筑选址示意图

6.2.2　总体布局

从生态移民定居点的建设特点上看，前期整体规划、功能区的位置对居住建筑单体具有影响。在规划用地分区确定后，居住建筑的总体布局要善于适应地形，争取更大的可利用空间，尽量采用双拼式或联排式集中布置。建筑建于山坡时，应依据具体建筑用地的长宽和形状，采用平行等高线的布置方式。建筑的体量不宜过大，应采用集中式布置并在水平方向上进行延展。建筑日照间距可以比平地小，坡度与所需日照间距成反比，土地利用率更高。居住建筑在河谷的布局方式上，应选择符合西部气候特点的行列式组合，采用条形板式建筑体量构成，形成连续性直线集中式组合方式，强调户与户组合关系和建筑平面的规整性。同时为了节约建筑用地及保证日照时长，控制建筑日照间距应至少保证冬至日有效日照时间为2小时。

6.3　建筑空间模式

该地区牧民定居点居住建筑在高级"牧居分离"生产生活方式下，建筑空间发生相应的变化。生活活动和生产活动在居住建筑内需要相应的功能空间，需要对定居点居住建筑功能空间分类及组织模式进行合理分析研究，避免出现无用的空间或消极空间。同时本地区定居点居住建筑还应将太阳能利用与建筑空间有效结合，最大限度地提高太阳能的利用率[①]，并改善建筑空间内部环境。

6.3.1　功能空间

根据生态移民定居点牧民居住特点将居住建筑的功能空间分为四大类：居住空间、

---

① 陈林波.青海海北牧区牧民定居建筑地域适应性设计研究[D].西安建筑科技大学，2015

生活辅助空间、生产服务空间、交通及院落空间（见图 6-6）。各部分空间又由不同使用功能的房间组合而成。

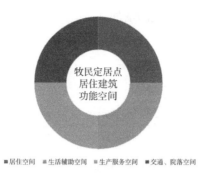

■居住空间 ■生活辅助空间 ■生产服务空间 ■交通、院落空间

图 6-6　功能空间组成图

居住空间是指卧室、客厅等居住活动的主要使用空间，是居住的核心空间，其品质体现居住水平，是重要的功能构成。生活辅助空间是指餐厅、厨房、卫生间等辅助空间，虽然占据空间不大，但设施多、使用频繁，是传统牧民定居点居住建筑中稀缺的部分和现有生态移民定居点部分新居住建筑比较薄弱的部分，应是居住建筑着力改善和提升的重要辅助空间。生产服务空间是指储藏室，主要用于对部分生产资料和生产工具暂存、转存、停放的储藏空间。交通、院落空间是指门厅、楼梯间、室外庭院。其中院落是牧民在传统定居点逐渐形成和普及的，伴随着定居后生活内容的增多，牧民自我家庭意识的不断增强，院落空间给牧民家庭带来了生产生活上的便利，牧民已经习惯了独立的家庭院落。室外庭院主要是停放一些交通工具，如摩托车和小型运输车等。

（1）居住空间

卧室：目前祁连山北麓牧区各定居点牧民户均人口约 4 ~ 5 人，家庭成员一般包括夫妻双方、子女及老人。子女及老人这些非主要劳动力，需要长时间在定居点内接受教育及医疗服务，但暖季放牧期作为主要劳动力的夫妻几乎很少留在定居点家中。同时因为牧区广袤，亲朋好友到家探访，往返距离大，一天时间往往不够。因此，定居点居住建筑在控制各户总建筑面积的基础上，卧室的数目宜为 2 ~ 3 间，卧室面积不易过大，开间以 3.0 ~ 3.6m 为主，进深不小于 3.5m，面积在 12 ~ 15m^2 之间较为合适。卧室要结合建筑总面积的控制要求及冬季采暖效果与实际使用情况，应以温暖和经济适用为主。

客厅：传统牧民居住建筑中会客空间是较为重要的部分，牧民迎宾待客的传统风俗和仪式都是在会客空间进行的。牧民定居点的居住建筑中客厅的功能应继承和符合牧民会客习俗和使用要求，同时要与定居后牧民生活内容相适应。

客厅尽量呈现大空间尺度，尺寸以 4.5 ~ 4.8m 开间为主，但面积控制在 28m^2 以内较为合适。客厅应敞亮、通风良好。结合牧民传统习惯和现代社会发展，客厅可以与餐厅结合在一起成为一个完整空间。

（2）生活辅助空间

餐厅： 牧民自古以来对吃饭就餐活动非常重视，甚至形成一套传统的风俗礼仪。因此居住建筑中要有相对独立的就餐空间。餐厅可与客厅形成一个完整的大空间，在这个空间内利用家具进行划分，餐厅的位置要靠近厨房，既方便饭菜的摆放又能实现净污分区。居住建筑中餐厅可长期摆放一张容纳 2 ~ 4 人的餐桌，供平时家人使用。同时家中可准备一个能折叠的圆形餐桌，使用时放在客厅方便家庭聚会就餐。

厨房： 传统牧民定居点原有居住建筑中通常是将厨房空间与会客就寝空间安排在同一室内，条件好的牧户则在室外主房旁边搭建简陋小房子作为厨房和储藏室使用。居住建筑餐厅应设在建筑室内配有外窗，内部通常会摆放一些现在常用的整体式橱柜及家电，餐厅平面形式及位置可参照现代住宅设计，一般成条形背阳面布置，面积不小于 6m^2。考虑到牧民传统饮食习惯，对于大量肉类的存放冰柜比冰箱更实用，厨房的长边应比一般厨房多 0.5m 方便冰柜的摆放。

卫生间： 每户设置独立卫生间是牧民定居点居住建筑应具备的重要条件。居住建筑内的卫生间，在综合考虑总建筑面积控制与管网配套条件的基础上，每户设有一个独立明厕，内部设盥洗区、浴室区、厕所区，宜临近卧室设置，最好能做到干湿分区。卫生间宜采用尺寸为 1.5m×2.1m、1.8m×2.4m，基本可以满足移民定居型牧民家庭的日常使用要求。

（3）生产服务空间

储藏室： 储藏室具体尺寸根据实际情况而定，面积不宜过大，开间与进深尺寸无具体要求，满足需要即可。储藏室可根据冷季暖季畜牧生产的不同特点而有效利用空间，进行其他不产生噪声、水和空气污染等问题的使用活动，功能灵活可变。储藏室需设有独立的室外出入口，避免对室内居住空间的影响。

（4）交通、院落空间

门厅： 设置门厅，可以有效防止进出建筑时大量冷空气进入室内降低室内气温。门厅形成一个过渡及隔离空间，避免室外冷空气直接进入客厅，增加客厅温度的稳定性。门厅既可以解决建筑的出入口问题，又在南边增加了缓冲空间，同时也为进出阳光间留出交通空间。门厅开间尺寸与客厅保持一致，进深不宜超过 1.2m。

楼梯间： 可根据建筑的层数来设置楼梯间，作为垂直交通的联系空间，不应占用良好的朝向。楼梯间可设室内或室外，室外楼梯间宜开敞，方便人员上下出入。同时楼梯间要控制面积，避免过多占用房屋建筑面积。

庭院： 牧民居住建筑因受到山地环境和建筑空间形态的影响，结合具体建筑用地条件，每户院落长宽比为 1 ∶ 4 ~ 1 ∶ 2 之间，形成条状。院外墙（栏）距主房外墙一般不超过 3.5m。前院功能主要是入口空间及生产生活辅助服务空间，供停车、物品临时放置等使用，后院功能主要用于贮藏室的进出及楼梯的上下。

根据传统居住习俗，牧民更习惯于开敞、通透的视野，与大自然环境相融合，而农村院落常用全封闭的高墙形式，并不适合牧民居住建筑院落使用，其围墙应采用矮墙或通透护栏的形式，可以避免遮挡日照满足牧民对室外居住环境的要求。

院落空间围合方式有两种（见图 6-7）。

单前院型：只有前院，没有后院，前院的面积较大。

前后院型：房屋一侧设有通道，形成前后院，后院面积小于前院。

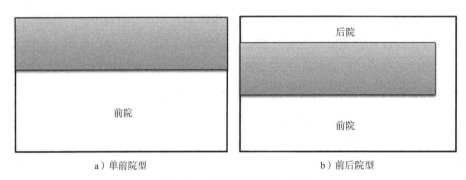

a）单前院型　　　　　　　b）前后院型

图 6-7　院落空间围合方式图

6.3.2　附加阳光间

附加阳光间作为该牧区定居点居住建筑的重要空间与其他功能空间一同组合而成居住建筑空间。通常在建筑的南侧加盖玻璃暖廊形成阳光间，利用墙体（开设门、窗或通风孔）把房子与阳光间隔开。附加阳光间是被动式太阳能利用系统，既能提高其他功能空间不具备的集热性能，又可作为家庭活动空间、晒衣房、娱乐室成为复合功能空间。附加阳光间作为祁连山北麓牧区定居点居住建筑最重要的建筑空间，要遵循坚固、适用、经济、节能和美观的原则。

附加阳光间尺度一方面以"人"为标准，按照居民的居住行为活动来界定，另一方面还应按照获得最多太阳能热为要求进行空间尺度的设定。通常为了提高附加阳光间太阳能供暖率，尽可能增加阳光间高度。附加阳光间尺度可采用长、宽、高的尺寸来进行明确和界定。

长度：阳光间的位置处于居住建筑向阳面，其长度与向阳面房间的数量及开间尺寸相关。阳光间的长度通常与整个建筑的长度基本一致，或者是局部房间开间尺寸。当地定居点居住建筑阳光间长度不少于 4.5m。

宽度：阳光间的宽度主要与内部的使用功能及太阳能利用有关。阳光间可作为生活辅助空间使用，内部可以作为家庭活动室、晒凉房和小会客室等，一般不摆放大尺度家具，保持空间的通透和完整。阳光间多为南墙外搭封闭式，为了保证太阳能摄入后能有效传导到后面的功能房间，宽度不宜过大。因此，阳光间又作为暖廊，其宽度不宜超过 1.4m。

高度：通常附加阳光间式太阳能供暖率随高度增加而增加，而随开间的增减变化不大。阳光间在长度确定的基础上，应尽量增加高度，净高不宜低于 2.8m。结合所处的用地环境以及传统民居的坡顶形式，阳光间立面高度宜与建筑外墙保持一致，顶部沿立面上端起玻璃坡高度为 0.3 ~ 0.5m 为宜，并可根据实际需要取值。

6.3.3 空间组合方式

祁连山北麓牧区定居点居住建筑，应基于牧民生态移民定居后新形成的高级"牧居分离"的生产生活方式以及牧区现代化发展趋势对建筑空间进行组合。当地牧区的居住建筑及建筑原始模型都一直保持着一字形的建筑平面，这种平面可以满足所有房间都有良好的日照。居住建筑空间组织应在一字形平面内进行，并保持整体的规整，避免 L 形、T 形、U 形等。

（1）模块空间分类

牧区牧民定居点居住建筑由功能空间和附加阳光间空间组成完整的建筑空间。按照空间模块分为：居住空间模块（客厅、主卧、次卧等）；生活辅助空间模块（餐厅、厨房、卫生间等)；生产服务空间模块（储藏室）；交通、庭院空间模块（门厅、楼梯间、庭院）；附加阳光间空间（阳光间）。其中居住空间模块是核心，要求最高，其室内品质体现了居住建筑的居住水平，是最重要的居住建筑功能构成，应尽量设置在向阳的位置处于热区。生活辅助空间模块和生产服务空间模块中的厨房、卫生间和储藏室使用时间集中但时间有限，可布置在最后面的冷区。餐厅与客厅尽量融合又应靠近厨房，所以可处于房屋中间位置的暖区。交通和庭院空间模块按照实际的需要进行合理的布置。附加阳光间模块位于房屋阳面的最外侧。这些模块空间可以根据需要适度增减并优化，即可出多种满足牧民需求的民居。

定居点居住建筑除了要满足现有居住要求外，还要考虑到未来居住的发展变化做出相应的设计。特别是生态移民定居后牧民生活内容更加丰富，定居点与外界的联系更加频繁，牧民不会长时间满足居住现状，必然提出新的要求。因此，结合牧区建设实际和未来发展，从节地、节能、节材出发提出两种居住建筑形式，即基本型和发展型。

基本型居住建筑，为单层形式，通常建筑面积不宜太大，空间满足现阶段的居住要求；发展型居住建筑在基本型的基础上向上增加一层，为上下两层，建筑面积大，空间的数量及面积可满足未来的居住变化的需要。两种类型居住建筑都由上述模块空间组合而成，只是根据各自要求采取不同的组合方式。

（2）模块空间组合模式分析

两类居住建筑的空间组合方式的基本原则除了保持一字形的整体外，还应保持居住空间模块的稳定性和生产服务空间模块的独立性。居住空间模块的稳定性包括位置的稳定和组织的稳定，作为整体模块应处于居住建筑的阳面热区，内部的组织上要保持卧室以客厅为中心左右对称布置。生产服务空间模块的独立性需要进入生产服务储藏室的流线单独设置，不经由居住建筑内部其他功能空间，实现生活和生产空间互不干扰。

1）基本型居住建筑空间组合

基本型只有一层布置，将空间基本模块进行组合和布局一般形成四种模式（见图6-8）。

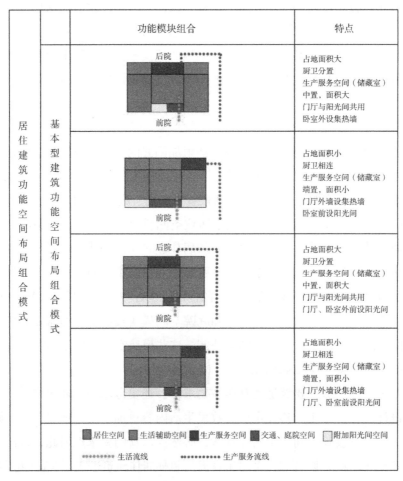

图 6-8　基本型功能空间组合模式分析

单层建筑空间组织模式，继承了传统定居点居住建筑和生态移民定居点单层联排院落式居住建筑的空间布局方式，同时将生产服务空间的储藏室布置到建筑内部并设置独立的进出流线。

传统定居点住房中生产生活空间混用，室内环境差。生态移民定居点住房中未设置生产辅助空间，出现联排院落定居牧民在院子里自建储藏室，定居楼地下室不符合生产需要的情况，给牧民使用上带来不便，也影响到了居住建筑外部环境的美观。因此，模式中重要的一点就是解决生产服务空间与其他空间的整体性问题，并结合用地采用储藏室的中间布置和端部布置的不同模式。

基本型四种模式中除了储藏室布置于其他空间的组合外，还有就是附加式阳光间分别采用南向全布置和部分布置的方式，结合阳光间的取热性能及空间功能的需求情况进行组合变化。

基本型空间组合模式中几乎没有内部的交通面积，有效使用面积相对较大。生活区内各主要功能模块紧凑布局，联系较为便利。但土地利用率不高，体形系数较大。

2）发展型居住建筑空间组合

这类型居住建筑空间组合以单层的基础型作为首层，向上增加一层，形成两层后将空间基本模块进行组合和布局，一般形成四种模式（见图6-9）。

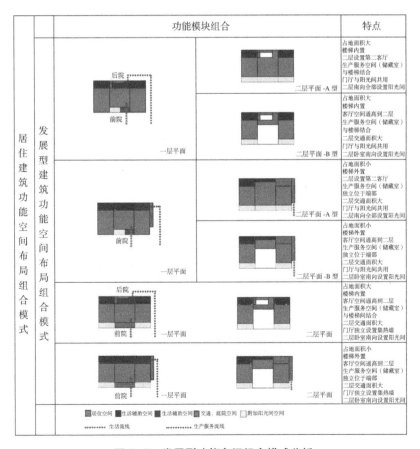

图6-9 发展型功能空间组合模式分析

发展型的一层功能空间的布置在保持基础型模式的基础上增加了楼梯的位置，楼梯间属于纵向的交通空间，与其他功能空间的组合上要考虑到相互之间的影响，形成内置和外置两种模式。

楼梯内置式中楼梯放到最里面，避免造成对居住功能模块获得日照的影响，同时与储藏室结合在一起，但储藏室受到影响，面积减小和内部净高降低。

楼梯外置式中楼梯放到室外，保证了房屋内部空间组合的完整性，但冬季时给使用造成一定的不便。

发展型空间组合模式中，增加了居住空间的数量和面积。其中客厅组合上提出了竖向通高的方式，突出客厅的中心性，形成平面空间和竖向空间的立体组合模式。

四种模式中因二层位置高，具有更好的日照效果，故在二层布置阳光间较多，可获得更好的得热效果。

发展型空间组合模式中内部的交通面积相对较大，特别是二层的有效使用面积减小。但土地利用率高，体形系数减小。此外全部模式中上下两层内各主要功能模块紧凑布局，其中有两种模式中上下两层可各自形成一套独立的居住系统及完整的空间组合，可有效满足未来社会发展和新经济模式对空间的需要。

6.4 建筑技术模式

祁连山北麓牧区牧民定居点居住建筑设计面对现状并面向未来，建筑技术包括建筑空间的现代建构方式及应对当地自然生态环境的适宜技术。建筑技术模式是基于绿色可持续建筑技术体系，以建筑安全性及空间可变性建构技术、建筑节能技术、物理环境控制技术和可再生自然能源直接转化为建筑与生活用能技术为内容，从技术的角度通过定量分析，明确相应的具体技术参数和设计指标。

6.4.1 建构方式

建筑的根本在于设计者通过材料的应用使之构筑成整体的建筑物的创作过程和方法。定居点居住建筑建构方式一方面继承地方材料的使用，将常用的结构形式进行转化，另一方面采用现代材料，应用现代结构形式。

（1）建筑材料

考虑到牧民定居后对建筑空间、对建筑节能环保的要求和经济性等因素对建筑设计的影响，建筑材料选用应符合现代建材标准和要求并积极选用地方性建筑材料。建构模式中的建筑材料主要有四种，一是当地的石块和片石，可从山中拾取，也可在传统定居点废弃的房屋中整理，废物再利用。二是使用当地的生土，生土资源在牧区蕴含丰富，具有良好的蓄热性能并可以循环再生。将废弃的土房子中的生土墙和土坯砖，通过整理加工后利用现代化的工艺制作后，可提高生土的应用效能，使之成为环保、耐用、坚固的实用建材应用在新民居建造中。三是使用牧区就近城市生产的环保砌块。环保砌块主要利用粉煤灰、煤渣、煤矸石、尾矿渣、化工渣等不经高温煅烧而制成，是目前常见的绿色建材，并具有良好的保温性，特别适于草原牧区的房屋建造要求。同时材料产地距离牧区较近，方便材料的运输和加工，可有效减少房屋建筑经济成本。四是现代建筑常用的钢筋混凝土材料，具有强度高及耐用的优势，可保证建筑的坚固和稳定。

（2）结构形式

祁连山北麓牧区定居点新居住建筑不适合采用城市多层住房楼的建筑形式，牧区生产生活方式及自然环境决定了单层及低层的独立院落居住建筑更适合牧民的居住需要。前文提出定居点居住建筑可分为基础型和发展型两种类型，分别满足定居点当下及未来的居住需要。基本型为单层居住建筑，发展型为两层居住建筑。居住建筑结构形式的选择首先考虑安全性的要求，显然框架结构要优于砖混结构，但在经济性上，砖混结构更具优势。从空间营造及利用的灵活性上，框架结构更具优势。

单层居住建筑宜采用砖混结构形式，利用粉煤灰多孔砌块砌筑承重墙或将生土材料结合其他现代材料通过墙体和构造柱形式形成结构体系。这种结构形式具有经济性和环保性的优势，较为适合目前牧区的实际情况。两层居住建筑可采用框架结构形式或混合结构形式，从建筑的安全性、远期利用出发整体框架结构更适合。建筑内部布局钢筋混凝土柱网，可实现空间布置灵活，有效使用面积大，并且易于实现现代化施工方式。柱网布置以简单、规则、整齐为要求，柱网尺寸应符合经济原则，尽量符合模数。按照《建筑抗震设计规范》GB 50011-2010 要求，具体做法上采用进深方向一个柱距，开间方向根据面积布置连续柱距。虽然框架结构造价高于砖混结构，但随着牧民家庭收入的增加已可承担这部分建造支出。

混合结构形式主要是中心位置的客厅四周采用钢筋混凝土柱，营建二层通高的整体空间。客厅两侧的卧室空间上下两层使用砖混结构形式，既满足居住建筑空间需要又可减少建造成本。

（3）屋顶及基础

居住建筑屋顶继承定居建筑一直使用的坡顶形式，符合当地牧区夏季降雨和冬季降雪的排水要求，同时坡顶形成顶部空间，利用空气隔层的方式利于建筑的保温防寒。定居点地处海拔较高的山区，冬天风雪大，地面以下冰冻情况较为普遍，选用山区的石头作为房屋的基础，可增加房屋的承载力并具有防潮的功能。

6.4.2 建筑构造

祁连山北麓牧区主要属于Ⅶ类气候区，热工分区为严寒地区，牧民定居点居住建筑为了应对寒冷气候特点，建筑设计中应重点做好建筑围护结构及其保温构造的设计，可以大幅度的提高建筑的保温蓄热能力，降低建筑能耗。

（1）围护结构保温

1）建筑主体结构构造

牧民定居点居住建筑可采用新式砖混结构和框架结构，现浇屋架，有利于提高建筑的密闭性，外墙体厚度不少于 370mm。建筑基础及四周设置隔热层，增大热阻，以延缓天然地基土的冻结，提高土中温度，减少冻结深度，进而起到防止冻胀作用。目前采用的材料有炉渣泡沫混凝土、聚苯乙烯泡沫板[①]。

为了应对严寒气候和提高日照强度，建筑南向设置集热墙和附加阳光间，此外建筑南向开窗，北向开小高窗便于通风，东西方向不开窗，为了提高窗户的保温能力，窗户应采用塑钢双玻窗。将传统地方材料改进后与现代新型生态材料结合作为主要建筑材料。同时建筑构造要做好围护结构的保温措施。

2）被动式太阳集热围护结构构造

牧民定居点居住建筑中的被动式太阳集热围护结构是建筑一体化设计的重要部分。根据《严寒和寒冷地区农村住房节能技术导则（试行）》的建议，集热面应布置在建筑南向垂直墙面上，受周围地形限制和使用习惯影响，允许偏离正南向 ±15° 以内，东、西向不宜布置集热面[②]。南窗应设夜间保温装置，如保温窗帘等；外门在冬季应设保温帘或其他保温隔热措施[③]；设计时还应考虑房间的换气要求。该地区牧民定居点居住建筑中主要采用附加阳光间和集热蓄热墙式被动式太阳集热。

①附加阳光间构造

牧民定居点居住建筑中的附加阳光间是围护结构不可分割的一部分。附加阳光间的构造影响建筑的保温效果（见图 6-10）。基本结构是将阳光间附建在房子南面向阳侧，中间用一堵墙（带门、窗或通风孔）把房子与阳光间隔开。阳光间既可以供给房间太阳能，又可作为缓冲区，减少房间的热损失。由于阳光间直接得到太阳的照射和加热，所以它本身就起着直接受益系统的作用。白天当阳光间内空气温度大于相邻的房间温度时，通过开门（或窗或墙上的通风孔）将阳光间的热量通过对流传入相邻的房间，其余时间关闭。设计上重点注意：南墙应避免周围建筑和实物对透光面的遮挡；顶部设计为斜坡玻璃顶；阳光间与采暖房间的公共墙应没有遮挡，墙面材料应选择颜色较深、太阳辐射吸收系数较高的材料，公共墙上的门窗开孔率不宜小于公共墙面总面积的 12%。阳光间内的地面应选用深色材料，便于集热[④]。南向附加阳光间的开窗面积在不受结构限制时，应取最大值。

① 何丽岩，毕建民. 浅析建筑物基础的冻胀及防冻技术措施 [J]. 价值工程，2011（12）：135
②③④ 严寒和寒冷地区农村住房节能技术导则. 百度文库 [M]，2018

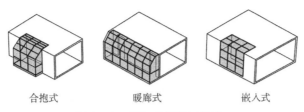

合抱式　　　　　　　暖廊式　　　　　　嵌入式

图 6-10　附加阳光间示意图

②集热蓄热墙构造

居住建筑的集热蓄热墙应在南向设置，该地区宜优先选择有通风孔的集热蓄热墙[①]。集热蓄热墙做法参见图 6-11。建议墙的外表面一般涂吸热涂层，涂层应该附着力强、无毒、无味、不反光、不起皮、不脱落、耐候性强，同时颜色宜为深色，以便有效地吸收阳光。集热蓄热墙透光材料应选用表面光滑平整、薄厚均匀的双层玻璃。集热蓄热墙宜采用实体式。集热蓄热墙体宜采用 300 ~ 400mm 混凝土墙或 240 ~ 370mm 砖墙。

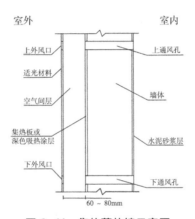

图 6-11　集热蓄热墙示意图

（2）保温构造

牧区居住建筑的围护结构中：屋顶、外墙、外门窗等应设置保温结构或采取相应的保温措施。当地居住建筑不超过 2 层，根据《农村居住建筑节能设计标准》GB/T 50824-2013，该地区定居点居住建筑围护结构的传热系数不宜超过规定限值（见表 6-1），结合牧区实际情况略小于推荐值。

围护结构的传热系数限值 K[W/（m² · K] 表 6-1

地区	屋面	外墙	外窗	门户
祁连山北麓牧区	≤ 0.35	≤ 0.40	≤ 2.0	≤ 2.50

① 严寒和寒冷地区农村住房节能技术导则 . 百度文库 [M]，2018

　　牧民定居点居住建筑围护结构的保温材料应尽可能选用牧区当地和周边的产品，严寒和寒冷地区常用的保温材料可以参考表 6-2 选用[①]。

常用保温材料性能 表 6-2

保温材料名称		性能特点	应用部位	主要技术参数	
				密度 ρ（kg/m³）	导热系数 λ（W/m²·K）
模塑聚苯乙烯泡沫塑料板（EPS 板）		质轻、导热系数小、吸水率低、耐水、耐老化、耐低温	外墙、屋面、地面保温	18 ~ 22	≤ 0.041
挤塑聚苯乙烯泡沫塑料板（XPS 板）		保温效果较 EPS 好，价格较 EPS 贵，施工工艺要求复杂	屋面、地面保温	25 ~ 32	≤ 0.030
草砖		利用稻草和麦草秸秆制成，干燥时质轻、保温性能好，但耐潮、耐火性差，易受虫蛀，价格便宜	框架结构填充外墙体	≥ 112	—
草板	纸面草板	利用稻草和麦草秸秆制成，导热系数小，强度大	可直接用作非承重墙板	单位面积重量 ≤ 26 kg/m²	纸面草板
	普通草板	价格便宜，需较大厚度才能达到保温效果，需作特别的防潮处理	多用作复合墙体夹芯材料；屋面保温	300	0.13
炉渣		价格便宜、耐腐蚀、耐老化、质量重	地面保温	1000	0.29
稻壳、木屑		非常廉价，有效利用农作物废弃料，需较大厚度才能达到保温效果，可燃，受潮后保温效果降低	屋面保温	100 ~ 250	0.047 ~ 0.093

1）屋顶

　　牧区定居点居住建筑的屋顶为适应当地寒冷气候，屋顶应厚实，封闭，以利保温，宜采用坡屋顶的形式。冬季为了获得更多的太阳辐射，在坡屋顶设计中，可增加南向坡面的面积。所处的地理自然环境夏季雨量较大且集中，冬季降雪量多且频繁，屋顶坡度略大，出檐深远，以利排水排雪。

　　保温屋顶按照稳态传热原理进行热工设计，防止室内热损失的主要措施是增加屋顶的热阻。屋顶保温层应覆盖整个屋面范围。保温材料一般采用轻质、多孔的材料，导热系数不大于 0.25W/（m²·k）[②]。当地采用坡屋面的构造形式，保温材料可选用松散材料、整体材料或板状材料。屋顶搭木质或钢筋混凝土材料屋架，挂屋面板后设保温层，再铺设有机瓦。该地区屋面保温结构常见做法和保温材料厚度可参见表 6-3[③]。

① 严寒和寒冷地区农村住房节能技术导则＿百度文库 [M]，2018
② 陈林波 . 青海海北牧区牧民定居建筑地域适应性设计研究 [D]. 西安建筑科技大学，2015
③ 严寒和寒冷地区农村住房节能技术导则 . 百度文库 [M]，2018

屋顶构造形式和保温材料厚度选用 表 6-3

名称	简图	构造层次		保温材料厚度参考值（mm）
木屋架坡屋面		1- 屋面板或屋面瓦 2- 木屋架结构		
		3- 保温层	散状或袋装锯末、稻壳等	400 ~ 350
			EPS 板	120 ~ 100
		4- 棚板（木、苇板、草板） 5- 木龙骨 6- 吊顶层		
钢筋混凝土坡屋面 EPS/XPS 板外保温		1- 屋面瓦 2- 顺水条和挂瓦条 3- 保护层		
		4- 保温隔热层	EPS 板	120 ~ 100
			XPS 板	100 ~ 80
		5- 水泥砂浆找平层 6- 找坡层 7- 钢筋混凝土屋面板		

2）外墙

建筑的外围护结构中，墙体所占的比例最大，通过墙体传入或传出的热量也最多。墙体宜采用保温节能墙体材料，承重外墙宜采用非黏土多孔砖，非承重外墙宜采用非黏土空心砖、轻质复合墙板等，具体常用的保温节能墙体砌体材料可参考表6-4选用[①]。

保温节能墙体砌体材料性能 表 6-4

砌体材料名称	性能特点	用途	主规格尺寸（mm）	主要技术参数	
				干密度 ρ_0（kg/m³）	当量导热系数 λ（W/m·K）
烧结非黏土多孔砖	以页岩、煤矸石、粉煤灰等为主要原料，经焙烧而成的砖，空洞率≥15%，孔尺寸小而数量多，相对于实心砖，减少了原料消耗，减轻建筑墙体自重，增强了保温隔热性能及抗震性能	可做承重墙，砌筑时以竖孔向上方向使用	24×115×90	1100 ~ 1300	0.51 ~ 0.682
烧结非黏土空心砖	以页岩、煤矸石、粉煤灰等为主要原料，经焙烧而成的砖，空洞率≥35%，孔尺寸大而数量少，孔洞采用矩形条孔或其他孔型，且平行于大面和条面	可做非承重的填充墙体	240×115×90	800 ~ 1100	0.51 ~ 0.682

---

① 严寒和寒冷地区农村住房节能技术导则 . 百度文库 [M]，2018

根据祁连山北麓牧区的气候特点，外墙保温采用生土墙复合保温和墙体外保温两种方式。

生土墙复合保温：根据《民用热工设计规范》及相关研究成果，生土的导热系数为 0.720 W/（m·K）[1]。传统生土房屋围护墙体热惰性较大，热阻值相对略大，K 值相对较小，可以通过内、外贴保温层予以进一步改善。如 300 ~ 500mm 厚的生土墙通过内贴 EPS 板改造后生土墙体其热阻值为 1.299 ~ 1.576（m²·K）/W，K 值为 0.635 ~ 0.77[2]。围护墙体的传热系数变小后，有利于建筑的冬季保温。

墙体外保温：结构保温的做法，往往难以满足较高的保温隔热要求，因而采用外保温的复合墙体设计不可忽略。其中外墙外保温相对于其他保温做法具有不改变使用面积、避免热桥、利于施工等优点。现有生态移民定居点居住建筑常采用的保温材料是模塑聚苯乙烯泡沫塑料板（EPS），但随着经济的发展，还可选用挤塑聚苯乙烯泡沫塑料板（XPS）、岩棉板、硬质聚氨酯泡沫塑料、发泡混凝土轻板、酚醛树脂泡沫等效果更好的保温材料。

3）门窗

建筑保温隔热的关键在于门窗，该草原牧区居住建筑要最大限度地减少渗透量和传热量，应采用塑性窗框和节能玻璃，并通过密封材料增加窗户的气密性，气密性等级不低于 6 级，减小窗户的整体传热系数。外门的传热系数应控制在 2.5W/m²·K，外窗应控制在 2.0W/m²·K。另外还应合理控制各个立面的窗墙面积比，同时确定窗户的最佳位置、尺寸和形式，南向窗户在满足夏季遮阳要求的情况下，面积尽可能增大，以加大冬季太阳光的透过率；北向窗户在满足夏季对流通风要求的条件下，面积尽可能减小，以降低冬季的室内热量散失；东西墙尽量限制使用门窗。居住建筑的窗墙面积比限值宜符合表 6-5 的规定[3]。

严寒地区农村住房的窗墙面积比限值 表 6-5

朝向	窗墙面积比
北	≤ 0.25
东、西	≤ 0.30
南	≤ 0.45

此外应增加玻璃层数，南向宜采用单框三玻中空塑钢窗，北向宜采用单层窗 + 单框双玻中空塑钢窗，塑钢门窗的开启方式宜选择平开[4]。加大窗扇，减少窗格划分，在

① 王润山.陕南乡土民居建筑材料及室内热环境 [D].西安建筑科技大学，2003
② 高源.西部湿热湿冷地区山地农村民居适宜性生态建筑模式研究 [D].西安建筑科技大学，2014
③ 严寒和寒冷地区农村住房节能技术导则.百度文库 [M]，2018
④ 严寒和寒冷地区农村住房节能技术导则.百度文库 [M]，2018

满足换气的要求下减小可开启面积,减少缝隙长度[1]。外窗内侧应加质地厚的布料窗帘,增强夜间保温。南向设置户门,外门宜采用双层木门或金属保温门,并设置门斗式门厅,减少热损耗。

6.4.3 资源利用

按照祁连山北麓牧区的资源条件,牧民定居点居住建筑优先选择可再生能源和其他清洁能源,如太阳能、生物能等[2]。可再生资源的利用应按照多能互补、综合利用等原则,选择适宜当地条件的技术实施。采取灵活的方式,可采用单户分散利用方式,也可采用集体利用的方式[3]。

(1)太阳能的充分利用

该地区为太阳能资源二类区 [5400 ~ 6700MJ/（$m^2 \cdot a$）],非常适合太阳能技术的推广利用[4]。被动式太阳房和太阳能热水器是最适合牧民定居点居住建筑运用的太阳能技术。

通过采用被动式太阳房冬季采暖方式可以有效降低对主动式供热的依赖程度,在保证室内热舒适度的情况下可以有效减少化石能源的消耗。考虑到牧民定居点的特点以及居住建筑的建造成本、空间实用性及牧民居住习惯,附加阳光间式被动式太阳房技术更符合实际使用要求,具有广泛的推广价值。附加阳光间式太阳房是在建筑南侧建立一个玻璃日光间,阳光透过玻璃照射到立面墙,墙的外表面温度升高形成蓄热墙,所吸收的热量加热阳光间内的空气使温度升高。阳光间内形成人们可以在其间活动的缓冲区域。这种太阳房可以结合建筑向阳方向的檐廊设计也可以单独外加。阳光间室内不但冬季温暖,而且夏季通过开启通气窗也有利于通风。由于阳光间温度和光线好,成为人们长时间停留的活动空间。因此,这种技术非常适合在祁连山北麓牧区牧民定居点居住建筑中应用。

太阳能热水器是将太阳能转化为热能提供热水的装置。现在这种家用设备技术已经非常成熟,使用更为方便,在我国太阳能资源丰富的地区已经被广泛应用。它只利用太阳能,不再需要消耗其他能源,清洁、无污染,符合祁连山北麓牧区对环境保护的要求。该地区经济相对落后,太阳能热水器使定居点的牧民群众非常有效地解决了洗澡、洗漱、家务用热水的实际问题,改善了牧民生活条件,提高了生活质量。家用太阳能热水系统应符合现行国家标准《家用太阳能热水系统技术条件》GBJT 19141 的有关规定。随着太阳能热水器技术的不断发展和进步,在统规统建的生态移民定居点,

① 任楠楠.吉林省朝鲜族地区新农村住宅设计研究 [D].吉林建筑工程学院, 2012
② 严寒和寒冷地区农村住房节能技术导则.百度文库 [M], 2018
③ 严寒和寒冷地区农村住房节能技术导则.百度文库 [M], 2018
④ 庾汉成,党建国.高寒地区被动式太阳能采暖技术应用的调查与分析 [J].工业建筑, 2010（12）: 22-24

政府可以规划和采用一些集中式的大型太阳能热水热备，统筹资源，提高效率，降低牧民生活支出也使居住建筑外部更加美观，避免现有各户单独热水器后加在建筑上而产生的视觉景观不利影响。

除以上两种太阳能利用方式外，太阳能发电技术也逐渐被运用到民用建筑中，在定居点内建设太阳能照明市政设施。目前家用太阳能发电设备价格比较高，但是随着太阳能光伏发电技术的成熟，成本的降低，太阳能发电设备将和太阳能热水器一样普及并与居住建筑有效结合，为牧民生产生活提供更丰富的能源（见图 6-12）。

图 6-12　太阳能发电设备

（2）生物能综合利用

祁连山北麓牧区和其他牧区一样，在过去的游牧时期牧民主要的生活燃料就是晒干的牛羊粪。而依靠烧牛羊粪取暖、煮食是牧区传统生活方式之一。从游牧到半定居牧民将晒干的牛羊粪（主要是牛粪）堆积起来作为燃料，因其具有燃烧力强、耐烧、文火的特点深受牧民喜爱。

随着牧民进入全定居，特别是生态移民定居后生产生活方式发生转变，定居点居住建筑室内环境得到改善，开始使用并逐步普及燃煤炉、煤气炉灶、电磁炉灶，但没有完全放弃对牛粪的使用。特别是本地区严寒的冬季，采暖需要大量燃料，定居点居住建筑不可能完全实现市政集中供暖的覆盖，很多牧户还是主要依靠燃煤取暖，购买燃料支出占据一家收入的一大块，部分牧民再次利用牛粪这种廉价、污染小、热量高的传统燃料。

因此，牧民定居点居住建筑采暖，应结合牧区的实际情况综合利用牛羊粪这种绿色生物能源，由政府主导引进先进技术，将牛羊粪与其他燃料进行混合加工，形成新型复合燃料，不但可以给牧民提供低价、可持续燃烧、燃烧力更强的低排放能源，而且形成相关产业促进牧区经济发展。

6.5　地域语言模式

祁连山北麓牧区的居住建筑地域语言源于山地草原文化，受到草原天人合一的自然观影响，在保持"人、草、畜"三者间和谐关系的过程中将宗教与之融合，积淀后形成了深厚的、特有的建筑文化。本地区居住建筑的地域建筑语言模式，主要包括建筑形体语言和建筑色彩与装饰两个方面，每个方面有其具体特征与表现特点。

6.5.1　建筑形体语言

（1）一字形平面模式

牧民在冬窝子修建固定住房后就逐渐形成靠山向阳的延展形的建筑样式。传统定居点建立伊始，建造的居住建筑所有的功能用房均为一字形平面排开，这样的平面形制可以满足所有房间都有良好的日照。一字形平面是演进型建筑原始模型的重要内容，生态移民定居点已修建的定居住房依旧采用并延续着一字形平面建筑。新居住建筑设计应继承这种适应当地气候及地形环境的一字形平面，以此为基础在建筑的细部进行性能提升，进一步发挥向阳取热的优势。

（2）中心化空间结构模式

草原传统居住建筑的中心化空间结构模式受到应对自然环境和牧民宗教文化的直接影响。建筑的中心化空间结构使建筑形成主次关系，并更加紧凑具有聚热御寒的作用，而草原民族意识形态层面的中心化更是草原文化及宗教中和谐统一的中心化意识。从传统的帐篷类建筑到固定房屋都有一个中心化空间，其他的虚实空间都是围绕中心空间而布置，同时这里也是牧民进行宗教祭祀的重要空间场所。新居住建筑中应保持中心化的空间结构模式，以客厅（或餐客一体）的空间为中心，其他功能空间以其为中心进行对称式围合布置，突出其中心空间位置，并通过结构方式、扩大层高等模式语言展开建筑设计。

（3）平整封闭的建筑外墙模式

牧区传统居住建筑，为应对草原自然环境形成外墙平整和封闭的形态。例如，帐篷类建筑通常外墙只开门不开窗，往往只在屋顶上部开设小窗；固定式土石房屋外墙几乎不开窗洞只留门洞。其原因一是与当时建造的材料和技术水平有关，二是一种主动应对自然环境的必然选择。传统定居点的定居建筑多采用方整的形态，除南向外墙开门窗外，建筑外部其他位置开口很少，以封闭的外墙挡风或隔热。新居住建筑应控制和减小体形系数，不但建筑要选择方整的形体，还应在外墙上尽量少开门窗，形成平整封闭的外表，可以将建筑与外界环境的接触面积尽可能减少，呈现出封闭的建筑形态。

（4）坡面屋顶模式

坡面的屋顶形式在当地牧区传统的帐篷建筑和固定的建筑中都起到重要的作用。

一方面是坡顶的形式使建筑有更接近天空的样式，符合牧民尊重上天的宗教文化和风俗习惯，另外帐篷建筑的坡顶可以使室内获得更高的空间，方便室内各种生产生活活动，帐篷搭建时坡顶形式更加简便和牢固（见图 6-13）。

图 6-13 传统帐篷建筑的坡顶造型

而土木、砖木建筑采用坡顶除了继承帐篷形式外，更与应对当地气候有关。坡面屋顶不易积雨雪还形成顶部空气隔层利于建筑防寒保温，使建筑寿命更久。现有生态移民定居点内的居住建筑基本上都使用坡屋顶，有双坡和四坡的形式。新居住建筑设计时，可通过现代轻钢材料、钢木复合材料应用到坡屋顶建造，传承建筑形式并保持整个牧民定居点内居住建筑风貌的统一性。

6.5.2 装饰与色彩

游牧民族的传统居住建筑的色彩及装饰形成的因素中，主要有自然和社会两个方面。自然因素是牧民传统民居色彩装饰面貌形成的直接原因，包括当地的生存环境、气候条件等方面[1]；社会因素是牧民传统民居色彩装饰面貌形成过程中人为的影响，主要是民族文化和宗教信仰方面。两方面因素共同作用下，逐渐形成了一套完整的色彩装饰语言。祁连山北麓牧区牧民群众由主体的裕固族、藏族和少量的哈萨克族、蒙古族等少数民族组成，也形成各自的传统民居的装饰符号及建筑色彩（见图 6-14）。例如，裕固族的褐子帐篷就是受到周边藏族的影响而形成，哈萨克族的帐篷则与传统蒙古包十分相近。因此该地区帐篷类民居主要由牛羊皮毛直接作为建筑外表皮，建筑颜色主要呈现出白色和黑褐色。帐篷建筑上的装饰符号主要反映在白色帐篷上，牧民把各民族图饰中的图案装饰在帐篷的外表。而这些建筑图案并不是专门的建筑装饰形式，而是一种源于民族历史变迁、宗教信仰、风俗习惯与情感体验的元素而表现出的美术内涵和文化意蕴，形成的一种共性的表达，反映在生活生产中、服饰、用具上等。

① 唐栩. 甘青地区传统建筑工艺特色初探 [D]. 天津大学，2004

图 6-14 牧民传统民居色彩与装饰

牧民建在冬窝子的土房子和砖房则只是为了遮风避雨、御寒保暖的基本需求，没有条件和能力给这些建筑外部进行图案的装饰及点缀。传统定居点居住建筑几乎就是周边汉式房屋的简化样式，没有任何特有的建筑色彩和装饰。生态移民定居点部分近期修建的建筑利用涂料和材料在外墙上装饰了传统的图案和符号。其中一些建筑的装饰图案直接将民族服饰和符号简单地具象化放在建筑上，反而使建筑失去传承失去美感。

新居住建筑在传承地域建筑文化中，色彩和装饰应秉承草原文化中的生态观，以融入自然、反映宗教为基本原则进行设计。具体按以下原则进行。

整体：建筑整体色彩以当地传统建筑主体的原色为基础，外墙建议以白色、灰色、黄色、青色等为主色。屋顶采用瓦面坡顶，可选择红色、青色的瓦片等形成整体的屋顶色彩。另外从定居点整体出发，要控制居住区域所有建筑的整体风貌，避免突兀、唐突、与周围环境难以融合的居住建筑的出现，因而对建筑的色彩应有一个整体的控制要求。

细部：建筑细部的装饰和色彩应该从传统建筑中汲取那些已经使用的传统图案，这些图案主要为团状和带状，按照其在传统建筑使用及装饰的位置应用到新居住建筑的相应檐部、门窗套、墙面位置，并与一些建筑构件有机结合，整体统一协调，传承传统建筑装饰文化（见表 6-6）。

（1）檐部，结合坡屋顶下檐口，在外墙的最上部的檐部位置可采用色带或民族图案成带状，沿其位置形成整体装饰。色彩根据各民族传统喜好，宜选择深色，形成鲜明的对比，提高装饰性。

（2）门窗套，建筑窗户外的左右和上方绘制深色窄条形窗框套，或者只在上方选用各民族图案进行装饰。颜色根据各民族喜好进行选择，建议选深色，主要是与浅色墙面形成对比，但不建议太过强烈。

（3）墙面，墙面底部线脚位置，可结合毛石基础，形成整体的赭褐色横段。墙面在浅色的基底色彩的基础上，可按照定居牧民住户的意愿，推荐一些本民族的代表性图案符号进行装饰。建议选择整体为团状的图案与墙面形成完整效果，而带状的图案容易造成墙面的分割缺乏整体性而不建议采用。墙面装饰色彩选择原则是要加强色相的反衬对比，协调色彩关系，通过对细部色彩的处理，打破大面积用色所带来的呆板、沉闷的气氛，使总体设色效果统一而又富有变化。

民族传统图饰文化模式语言   表 6-6

民族	代表性图饰符号		模式语言
裕固族	团状		用于建筑墙面装饰
	带状		用于建筑檐口下沿、外窗套等边部装饰
藏族	团状		用于建筑墙面装饰
	带状		用于建筑檐口下沿、外窗套等边部装饰
哈萨克族	团状		用于建筑墙面装饰
	带状		用于建筑檐口下沿、外窗套等边部装饰
蒙古族	团状		用于建筑墙面装饰

续表

民族	代表性图饰符号			模式语言
	带状			
蒙古族				用于建筑檐口下沿、外窗套等边部装饰

6.6 小结

建立模式，使在处理同一类问题时，只需解决该类问题的全部或部分核心要素，即可以满足相应的要求。本章对祁连山北麓牧区牧民定居点居住建筑模式进行了研究，分别用建筑选址布局模式、建筑空间模式、建筑技术模式、地域建筑语言模式进行了阐述。

建筑选址布局模式是牧民定居点居住建筑设计的首要问题，建筑用地位置、总体布局模式等在很大程度上决定了居住建筑的空间模式及技术模式。在保持牧区"人、草、畜"稳定关系下，综合考虑当地生态移民定居工程的用地政策、地形条件等因素提出建筑选址模式和总体布局模式，在建筑选址布局模式的基础上展开建筑设计。

建筑空间模式则对该地区定居点居住建筑功能空间进行了明确和归整，提出相应的模式，并对该地区居住建筑中附加阳光间空间进行性能及功能的界定，提出了相应的标准，最后提出了建筑空间组合模式，由基本型模式和发展型模式组成，按照不同居住需求进行空间组合设计。

建筑技术模式从建构方式、建筑构造、资源利用三方面提出具体的技术指标，即实现绿色的现代居住建筑的具体参数和设计指标。

地域语言模式集中在建筑形体和建筑色彩及装饰两方面，应传承当地草原传统民居的文化和特征，使建筑地域性和时代性能有机结合，灵活运用到新居住建筑设计中，并期许得到当地牧民群众的认可。

总之，通过对建筑模式要素的研究，以期能在祁连山北麓牧区牧民定居点居住建筑建造时，通过对上述模式要素的全部或部分选用，来营造现代绿色居住建筑。

7.

建筑创作

7.1 项目概况

7.1.1 康乐乡自然环境与社会发展状况

（1）自然环境概况

甘肃省张掖市的肃南裕固族自治县成立于 1954 年，因在肃州之南而得名，是全国唯一的裕固族自治县，地处河西走廊中部、祁连山北麓一线，东西长 650km，南北宽 120 ~ 200km，与甘青两省 7 个市州 15 个县市区接壤，总面积 2.4 万 km²。肃南是一个高寒山区传统畜牧业县，也是国务院确定的 22 个人口较少民族县份之一[1]。

康乐乡位于肃南县城东部 46 公里处。东靠马蹄乡，西接大河乡，南与青海省祁连县毗邻，北与临泽县、张掖市接壤。东西长 47km，南北宽 69km，总面积 2428km²[2]。境内地势东南高，西部低，山峦重叠，沟壑纵横，南部拉盖梁将全区隔为前山和后山地区，前山较平缓，后山较陡峻，平均海拔 2625m 左右。气候前后山各异，前山属半湿润山地草原气候，后山属湿润高寒气候，年平均气温 1 ~ 3℃，无霜期 70 ~ 120 天，年日照 2683h，年降雨量 250 ~ 350mm。主要河流有大长干河、小长干河、寺大隆河、梨园河、白杨河、石窑河、泉源河、康隆寺河、椤基河、海牙沟河等[3]。

全区山地植被较好，草原大体属草甸草场、草原草场、半荒漠草场，草原面积268万亩，可利用草原 220 万亩，森林面积约 45 万亩。境内主要野生动物有马鹿、白唇鹿、獐、熊、猞猁、豹、貂、青羊、蓝马鸡、雪鸡等，中药材有雪莲、大黄、黄连、香茅草等。矿藏已初步探明有煤、铬、铜、铁、铅锌、石膏、白矾、玉石、石灰石等[4]。

（2）社会发展概况

---

① 赵永珍 . 肃南裕固族自治县经济发展现状调查研究 [J]. 城市地理，2014（12）：192-193
② 黄婧 . 肃南裕固族地区牧民定居点空间优化研究 [D]. 兰州交通大学，2015
③④ 肃南裕固族自治县 . 百度文库 [M]，2018

人口：肃南裕固族自治县居住有裕固、汉、藏、蒙古等 18 个民族 3.84 万人，其中少数民族人口 2.18 万，占总人口的 56.8%；裕固族人口 1.04 万，占总人口的 27.1%；藏族人口 0.99 万，占总人口的 25.8%，是国务院确定的 28 个人口较少民族县份之一[①]。

经济："十二五"期间，肃南县主要经济指标年均实现两位数增长。地区生产总值年均增长 12.3%，达到 28.8 亿元，人均生产总值提高到 8.4 万元，年均增长 13%；累计完成固定资产投资 197 亿元，是"十一五"期间的 2.2 倍，年均增长 11.2%；人均生产总值和固定资产投资均实现翻番。全面建成小康社会 39 项统计监测指标中，有 17 项指标已完成或超额完成目标值，小康实现程度为 79.94%，居全张掖市第 1 位[②]。

宗教文化：裕固族最早信仰萨满教，后改信藏传佛教，早期信仰藏传佛教红教（宁玛派），后改信黄教（格鲁派），但原始萨满教也与藏传佛教并存，但其规模小，无体系，1958 年后消失，其遗风相传至今。特别是 20 世纪 80 年代以来，大部分寺院重新复建，恢复了宗教活动，祭"鄂博"活动也得到了恢复。藏族和蒙古族则一直信仰藏传佛教。

随着全球气候变暖、区域气候变化及人类活动加剧，祁连山冰川融水逐步减少，雪线上升，川区地下水位大幅度下降，腹地水土流失严重，肃南县"三化"草原面积不断扩大，土地荒漠化逐年加剧，生态环境日益恶化[③]。近些年，在国家及省市要求及部署下，当地政府采取了多项措施，改善草原生态环境，维护草原生态平衡，作为重要重要措施之一的生态移民定居工程一直以来都是当地历届政府的主要任务。

7.1.2 项目介绍

本项目是国家自然科学基金创新群体项目《西部建筑环境与能耗控制理论研究》（课题编号：50921005）、科技部重点研发计划子课题《藏区、西部及高原地区建筑负荷被动削减原理及技术》（课题编号：2016YFC0700401-01）主要研究内容之一。

示范工程地点选择在甘肃省张掖市肃南裕固族自治县康乐乡榆木庄。本课题旨在通过对肃南康乐牧民定居点这一特例的研究、实践与建设，抓住祁连山北麓牧区牧民定居点居住建筑建设与发展中的共性和普遍性问题，可以为当地政府今后建造新牧民定居建筑提供技术支持和制定政策的依据。并将绿色生态居住建筑作为牧民定居点的建设发展方向，促进祁连山北麓牧区人居环境的可持续发展，从而达到改善当地牧民生产、生活条件，构建和谐社会和建设节约型社会的目标。

通过对康乐乡牧民定居点自然环境条件、已建居住建筑现状、生态移民定居后"牧居分离"的生产生活方式对居住空间新要求、传承传统地域建筑特色等的综合认识与

① 肃南裕固族自治县 . 百度文库 [M]，2018
② 本报记者梁生红 . 铿锵前行 砥砺转型 大步赶超 [N]. 张掖日报
③ 本报记者刘丁山 . 守护青山绿水 [N]. 张掖日报

康乐乡定居点内居住建筑整体空间布局的研究，完成康乐乡牧民定居点新型居住建筑的方案设计与规划构想，为肃南裕固族自治县牧民生态移民定居点居住建筑的可持续发展提供理论研究与设计模式，并配合张掖市肃南县共同完成该项目的实施建设工作，把康乐乡定居点建设成为祁连山北麓牧区牧民定居点绿色居住建筑综合示范样板。

7.2 康乐乡牧民定居点居住建筑现状与分析

7.2.1 背景条件

从"十二五"开始，肃南县积极争取实施游牧民定居工程，已纳入《甘肃省祁连山北麓游牧民定居规划》。在充分尊重游牧民意愿的基础上，按照有利于生产、方便生活的原则，采取"小集中，大分散"，"大集中，小分散"的定居方式，以6乡2镇小集镇为中心，辐射带动周边冬季相对集中的游牧片作为定居点实现集中定居。全县共选择规划红湾寺镇、皇城镇、马蹄乡、康乐（白银）乡、大河乡、祁丰乡和明花乡7个中心乡镇及铧尖、泱翔、西水、大泉沟、青龙、大瓷窑、西岔河、祁青、天生场、莲花、前滩等11个相对集中的中心片共18个定居点[①]。近些年该县将生态移民定居工程作为重点，统一规划建设现代定居小区，小区建设综合功能区包括购物超市、健身中心、广场、幼儿园、卫生室、党员活动室、图书室、服务中心，解决牧民交通难、通信难、就医难、入学难、吃水难等问题。截至2014年，康乐乡牧民定居点已建成游牧民定居住宅楼17幢484套，小康住宅64套，沿街上宅下店居民住宅17幢，农牧村小康住宅普及率65%以上，人均住房使用面积27m²。

随着游牧民定居工程的实施，一大批交通、电力、水利、通信等基础设施建设项目也在及时跟进，教育、医疗、文化等社会公共服务和第三产业不断完善发展，牧民生产生活条件发生了质的提升。通过游牧民定居工程的实施，大大改善了游牧民群众的居住环境和生活条件，使他们能够享受到教育、医疗、文化体育等基本公共服务。同时部分牧民群众进入城镇定居后，劳动力开始向二、三产业转移，促进了草场、牲畜等生产要素的优化配置，缓解了人、草、畜矛盾，为生态畜牧业建设创造了良好发展条件[②]。

7.2.2 聚落形态

牧民定居点位于康乐乡榆木庄，属于生态移民定居点中的依托乡镇型。从张掖市出发沿213省道至肃南县城途经康乐乡榆木庄。康乐乡牧民定居点聚落形态呈线形布置，以主要公路（213省道）为轴线在其两侧进行建筑布置（见图7-1、图7-2）。

---

① 张丽娟.嬗变与抉择：文化传播视野下裕固族游牧文化变迁研究 [D]. 兰州大学，2013
② 张利锋.安居工程：幸福拔节 [N].青海日报

图 7-1　康乐定居点总体布局图

图 7-2　康乐榆木庄定居点总体现状图

　　康乐乡榆木庄牧民定居点以所处环境中靠山、近水、沿路的特点进行建筑群布局及场地环境设施建设，定居点的公共建筑和服务设施设在紧靠公路（213 省道）两侧。随着定居人数的增加原有 213 省道穿城而过的布置方式对定居点牧民各种生活服务及道路交通的影响逐渐突出，后将过境部分公路改为平行快慢速双路形式。经过这种道路改动后，定居点内主要的公共服务及生活设施集中在快速路的内侧，慢速路逐渐成为内部的市政主干道，同时保证了居住建筑可以更远离快速公路。

　　聚落布局中的居住建筑依据定居点内用地情况和地形状况采用带状组团布局。居住组团呈带状依据周围山势的情况布置来获得更多太阳直射光。每个组团建设有单独的污水处理站和垃圾回收站，位置上位于定居点的下风向并远离主要河流。

　　康乐乡牧民定居点中的牲畜暖棚是冷季牧民生产作业点（见图 7-3）。定居牧民各户的牲畜暖棚采用排列式的集中布置方式，位于整个定居点的西南位置的山坡处，正好处在冬季主导风西部风的下侧。牲畜暖棚区与居住组团和公共服务区隔路相望，处于主要河流对岸，从居住组团到牲畜暖棚区的道路距离 900m，直线最短距离 600m。

整个牲畜暖棚区利用山坡台地呈带状布置，有利于各户牲畜的集中管理并具有良好的经济性。

图 7-3　定居点集中式牲畜圈

因此，康乐乡牧民定居点聚落形态为"两线两区线形布置"，符合该地区牧民定居转变为"牧居分离"的生产生活方式后对空间场地的要求。

7.2.3　单体建筑

康乐乡牧民定居点现有居住建筑分为两期建设，一期为 2010 年完成的单层独院住房（见图 7-4、图 7-5），二期为 2012 年完成的多层住宅楼（见图 7-6、图 7-7）。

图 7-4　一期定居居住建筑实景

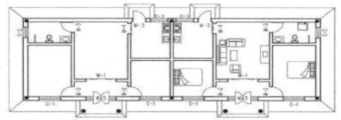

图 7-5　一期居住建筑平面图

图 7-6　二期定居居住建筑实景

图 7-7　二期居住建筑平面图

（1）单层独院住房

单层独院住房采用"独栋双户，院墙相连"的线状排列方式，整体建在向阳的山坡台地上。利用台地错落关系形成前后两排布局。每栋建筑的面积为 163.29m²，层高为 3m，外墙厚度 370mm，内墙厚度 240mm。建筑结构为砖混结构，建筑物抗震设防烈度为 7 度。

建筑材料中屋面采用红色波形瓦，防水材料为 4mm 厚高聚物改性沥青防水卷材；墙体材料为 MU 普通黏土砖，M7.5 水泥砂浆和 M7.5 混合砂浆，外墙装饰材料为奶白色乳胶漆外墙涂料和仿石青砖。外墙采用外保温，保温材料为 40mm 的聚苯板保温材料。门窗采用双玻铝合金门窗。

每户建筑面积为 81.6m²，室内采用两室两厅一厨一卫布局方式，两个卧室全部向阳。建筑入户正门在南向的向阳面，北面开有后门。各户室内采用煤炉自行采暖。

（2）多层住宅楼

多层住宅楼为 4 ~ 5 层板式楼房，利用靠近河滩的平地前后排列布置。每栋建筑由 3 ~ 4 个单元组成，每个单元为一梯两户，外墙厚度 370mm，内墙厚度 240mm。建筑结构为框架结构，建筑物抗震设防烈度为 7 度。

建筑外墙采用 DM 多空砖砌体，M7.5 水泥砂浆，外墙装饰层为粉红色乳胶漆外墙涂料和仿石青砖。外墙采用外保温，保温材料为 40mm 的聚苯板保温材料。外窗采用双玻铝合金窗。

一个单元中每户建筑面积 84m²，层高 2.9m，户型为两室两厅一厨一卫。其中客厅和主卧室向阳，次卧室隔厨房向阴面采光。室内通过集中供暖方式采用地辐热供暖。

7.2.4　居住时态调研及存在问题

笔者分别在 2011 年夏季、2012 年冬季和 2015 年冬季，进行了 3 次调研，共收有效问卷 80 份。主要对康乐乡牧民定居点前期已建成的居住建筑投入使用后主观满意度、建筑单体、定居点聚落等进行调查。调研内容主要包括：建筑基本信息及测量部分、聚落信息、建筑室内外物理环境测试等几方面内容。调查过程见图 7-8。

图 7-8　建筑调查及住户调研

（1）牧民对现有已居住定居住房优缺点分析

92% 的牧民表示现有定居住房比定居前住房好。主要体现在房屋室内更亮堂、冬季屋内更暖和、室内设施更方便生活。主要原因是定居点牧民住房由政府统规统建，房屋的质量和标准相比原有牧民自建的砖土住房要高很多，并配套了相应的市政设施。牧民的居住环境发生了巨大的变化，改变了原有落后的面貌。

91.2% 的牧民表示愿意继续在新定居点生活，4% 的人考虑搬到张掖市居住，只有很少一部分人考虑搬回到原来半定居点或草场居住，仅占调查总数的 4.8%。主要原因应该是游牧民移民定居后在生产生活方式发展转变过程中，部分年龄较大的牧民更习惯原有"牧居一体"的方式，对现有生活方式还存在适应的过程，同时定居点与草场生产作业点的距离相比原有居住地更远带来的不便利产生的缘故。

71% 的牧民希望家庭有独立的院子，75% 的牧民愿意住在低层住房，20% 的牧民能接受楼房。愿意住低层住房的牧民中有 60% 的选择独立式，剩下的可以选择联排式。在住房层数上，有 61.2% 的牧民更愿意选择 1 层，30% 的选择 2 层，8% 的选择 2 层以上，剩下的人表示无所谓。愿意住楼房的牧民中有 75% 的愿意住 1 ~ 5 层，剩下的表示无所谓。但是有 85% 的人表示需要增加独立的生存辅助功能空间用于存贮和停车等。主要原因是未移民定居前牧民原有固定住房多为独立的单层住房，并大多又有个围合的开敞型院子。定居后牧民的居住习惯具有延续性，更多愿意住带院子的 1 ~ 2 层的独立住宅。部分牧民经过一段时间在多层楼房的居住，逐渐认识并认可了楼房具有的卫生整洁、光线和视野好、采暖效果好、做饭如厕便捷的优势。同时牧民长期在山地草原经常竖向上下移动，基本上可以适应上下楼梯，但是对于居住到 6 层认为有些高了。通过对牧民住房问卷调查及交流发现，原有半定居游牧下的生产生活方式还有一定的惯性，不能立即改变，需要一个过程，同时新的"牧居分离"方式下的牧民生产生活已经发生改变，特别是现代居住环境所带来的各种优越性，已得到了大部分定居后的牧民认可。

95% 的牧民表示愿意居住在使用砖、钢筋混凝土等材料的房屋里；20% 的人表示可以居住使用生土材料房子，但一定要坚固；另外还有 1.5% 想回到传统帐篷里居住。主要原因是由政府统规统建的牧民移民住房，广泛使用混凝土材料并采用标准化施工，相比原有牧民自建住房房屋质量高、保温防寒优势突出，更加坚固耐用。但也反映出部分牧民对过去长期居住土房子所具备的冬暖夏凉优点的认可，以及房屋不坚固缺点的担心。牧民经过定居后绝大部分人接受并愿意居住政府建造的现代型定居住房。

关于新建住宅中牧民承担部分的费用情况，因目前牧民年平均收入水平相对不高，每年要投入到畜牧生产的费用较大，对现有住房承担的费用，有 70% 的人认为可以承受，30% 的人感觉有一定压力，因此统计中大多数牧民能够承受的范围是 7 ~ 10 万元，占调查总数的 85.6%；7 万元以下和 10 万元以上，占 14.4%。因此房屋造价及成本直接会影响牧民对新住房的经济承受度以及政府对生态移民工程的财政负担。

关于冬季采暖问题：居住在楼房的牧民中 100% 的人认为现有的集中供暖采暖好，因为有政府补贴每户整个采暖季的费用是 2800 元，都可以接受；居住在单层住房的牧民中 80% 的人表达了对暖气采暖的向往，50% 的人希望使用火炕，85% 的人希望有采暖效果更好。每年采暖费，有 82% 的人能够接受 2500 ～ 3000 元的煤炭消耗支出，剩下的希望能减少煤炭消耗支出费用，有 65% 的人能够接受只要在家身穿棉衣手脚不冷的冬季室内温度情况，35% 的人希望冬季室内能够达到住楼房牧民家中的温度。调研的全部牧民都愿意使用更方便、更干净、费用更低、更暖和的采暖方式。

100% 的牧民表示对新定居住房的建筑使用功能表示满意，但有 70% 的牧民提出应在居住建筑增加一个库房和停放车辆的地方。这是因为牧民暖季到草场放牧，冷季都在牲畜圈进行畜牧生产作业，生产空间与居住空间已基本实现分离，但有些生产工具和畜牧产品有时需要临时在住所存放。

（2）存在的问题

1）现有的牧民住房地域性特征不够，特别是多层住宅楼基本就是直接照搬城市建筑，缺少对当地传统居住建筑的传承和反映。

2）居住建筑的建造与使用成本较高、能耗大给政府和牧民群众造成一定的经济负担。

3）多层楼房的生产辅助空间完全缺失，给牧民生产生活造成一定的不方便。单层住房中缺少与气候应对的生活功能空间。

4）定居住房组团内垃圾及污水处理设施存在混乱和不规范的现象。

7.3 康乐乡牧民定居点居住建筑方案设计

建筑方案设计依据祁连山北麓牧区牧民定居点居住建筑模式，从选址、规划布局、建筑空间营造、建筑技术及地域语言应用等方面展开相关设计，对本书的研究内容进行实证。

7.3.1 总体规划布局

（1）基地选择及场地规划

康乐乡榆木庄生态移民定居点处于河谷夹在两山间的整体环境中，设计之初对康乐定居点三期的规划建设用地范围进行了主动优化，从"靠山向阳"的整体性控制出发，结合局部地形、山势、日照情况，满足当地牧区生态旅游开发对空间场地的要求，进行建筑选址，建设用地选在向阳河谷地，地形略北高南低总体平整，争取建筑物接受太阳辐射最大化（见图7-9）。此外限制定居点规划中建筑对自然景观环境的破坏，为进入牧区道路沿线合理发展保留相对稳定的生态环境协调区域。建议当地政府利用生态移民定居工程"统规统建"的特点及优势，控制房建用地的数量和规模。

图7-9　建筑用地选址

（2）建筑物朝向

通常建筑物方位控制在正南 ±30° 以内，最佳朝向为正南以及偏东、西15° 以内，可保证建筑物及集热面接收到足够多的太阳辐射。肃南县处于山地草原环境，日照除了与朝向直接相关外，还受到周围山体环境的影响。康乐乡榆木庄冬季太阳辐射也非常强烈，冬季最佳的利用时段基本为上午和中午，朝向宜调整为正南或南略偏东。规划建设用地的山坡位置整体偏西约7° 左右，故在总体平面布置时，建筑单体的朝向为南偏东9° ，在最佳朝向范围内对建筑物整体接受太阳辐射的影响可忽略。

图7-10　三期定居建筑方案总体布局图

（3）群体布局

规划采用集中式的群体布局方式（见图 7-10）。结合场地特征利用坡地的优势在保证建筑得到充足的日照时间前提下，利用前后台地 3m 的高差确定建筑群内前后建筑之间的最小间距，既可以节约用地减少对土地的人为介入，减少土地的开挖，又使整个建筑群的整体布局更加集中紧凑，利用总体建筑群形成整体，避免出现分散式的布局有助于挡风御寒。

7.3.2 建筑平面设计

（1）平面布局与空间组织

1）平面布局。本项目方案采用的是在康乐定居点一期牧民定居建筑的平面布局上增加了储藏室、门厅和南向阳光间，形成 A、B 两个设计方案（见图 7-11）。

A 方案：建筑背阳面设置集中式的独立储藏室，处于客厅餐厅一体空间的正后部，厨房和卫生间分别布置在储藏室左右两侧。储藏室主要用来作为生产服务空间，用来临时存放畜牧工具和产品，增加隔墙也可局部用于生活杂物存放，因此储藏室在背阳面外墙单独设门，室内也可再设一门，方便使用也有利于净污分区，保证居室室内干净和舒适的居住环境。建筑向阳（南面）面设置门厅，并设置阳光间，起到了温室的作用，同时也起到防冷风渗入作用。门厅左右两个附加阳光间位于两个卧室前部，可通过连门与门厅阳光间相通，方便使用。

B 方案：建筑背阳面设置集中式的独立储藏室，处于建筑内部空间的正后部，厨房和卫生间分别布置在储藏室旁边，储藏室位于建筑端侧，设有独立的出入口，功能与方案 A 一致。建筑入口外墙设置为集热墙，通过导热作用将热量经门厅送入客厅，而门厅形成内外过渡空间并与左右卧室处的阳光间相通。卧室前部的阳光间通过门连窗隔断与卧室分开，冬季阳光间可以提高室内温度，同时又可以独立作为活动室和晾晒空间使用。

考虑到牧民传统居住习惯和使用要求，在设计中放大了客厅的尺寸，并将主入口设置于此，以便同时满足牧民生产与生活对空间的需要。具体卧室的开门位置可以灵活确定，为了同时兼顾私密性和便利性，本示范工程中卧室门一个开向客厅，另外一个开向附加阳光间。在核心模式上结合示范工程的实际要求形成最终的户型平面图（见图 7-11）。

2）功能组织。建筑空间组织形成以餐客一体的空间为中心，其他功能空间围绕这个中心进行对称布置。空间形成了中心位置的入口——门厅——客厅（餐客一体）的纵向组织方式，和客厅——主次卧、客厅——厨房、客厅——卫生间、客厅餐厅一体的中心射线组织方式。其中两个卧室也可通过门厅进入阳光间，形成两个外环组织方式，但限于私密性只能作为辅助组织方式。虽然以客厅为中心的空间组织方式会引起流线

A 方案平面图

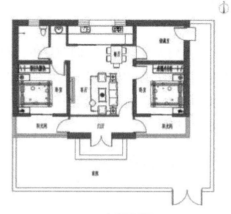
B 方案平面图

图 7-11　三期定居建筑方案平面图

的交叉，但又符合牧区传统的大家庭集中聚集一起会客、歌舞、就餐的习惯。

（2）建筑开间及进深

在保证改善日照、通风和使用功能的基础上，结合山地环境的用地状况，可适当加大进深。两个方案的卧室进深都为 3.5m，均在背面增加一层辅助房间，两个方案总尺寸均为 7.7m。根据最常见的 4 口人核心家庭结构，在客厅两侧、南向布置了 2 间卧室，即可满足日常需要，卧室的开间尺寸为 3.6m。两个方案客厅与门厅的开间尺寸都为 4.8m，门厅进深均为 1.5m。这样的布局，方案 A 和 B 的总面宽控制在 12m，两方案进深则在 7.7m 左右，体形系数 0.74 左右。

（3）院落布局

两个建筑方案都设置了独立的院子，院墙采用透空的栏杆院墙，高度为 1.5m，采用白色的金属或有机材料预制构件。院落只设置前院，方案 A 留出前院到房后的通道；方案 B 则不设，一侧院墙直接与建筑相连，另一侧留出通道进入储藏室。院落尺寸根据用地情况，前院的院墙与房屋的距离为 3m，侧面和后面的通道宽度为 1 ~ 1.2m。院门位置根据每户情况自行设置，因院落总面积小，为了获得更大的使用面积，院门不宜开在中心位置。

7.3.3　建筑造型设计

（1）层数及层高

按照祁连山北麓牧区牧民现有居住习惯以及从建筑节能角度考虑，基本型模式两个方案都采用单层三开间独户住宅并有自有院落。建筑的层高为 2.9m，其中方案 B 的客厅层高为 3.9m，营建一个独立中心化空间（见图 7-12、图 7-13）。

（2）门窗

争取建筑最大得热并获得更多的太阳辐射，南向设置大面积阳光间。两个方案南

立面图 　　　　　　　　　　　剖面图

图 7-12 　A 方案建筑造型

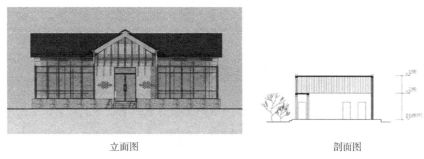

立面图 　　　　　　　　　　　剖面图

图 7-13 　B 方案建筑造型

向开大窗，东、西向不开窗，北向厨房、卫生间、储藏室（A 方案）开小窗，便于通风。按照《严寒和寒冷地区居住建筑节能设计标准》（JGJ26-2010）中严寒地区居住建筑窗墙面积比限值规定，南向 0.45、东西向 0.3、北向 0.25。B 方案南向入口处设有集热蓄热墙，所以入户门的面积在满足尺寸要求的基础上与集热蓄热墙相互协调，南向窗墙面积比为 0.2 ～ 0.22，北向为 0.2 ～ 0.25，符合标准要求。门窗造型采用深青色外框，与正立面形成对比。

（3）屋顶形式

建筑方案中屋顶采用双坡屋顶的形式，坡屋顶与室内平吊顶组合，中间形成一层封闭空气层，既有利于建筑的保温和蓄热，又有利于减少外界气温对室内温度的影响。为了满足裕固族牧民的传统色彩习惯，与建筑整体风格协调，顶面铺设红色有机瓦。

（4）色彩装饰

建筑色彩有屋顶的红色、墙体的灰色、勒脚的褐色组成。阳光间与客厅及卧室隔墙刷成白色。B 方案入口处的建筑外墙为灰色，上面装饰裕固族的吉祥图饰，入户门的门框为深青色。檐部采用传统带状图饰进行装饰（见图 7-14、图 7-15）。

7.3.4 　结构体系

设计方案的结构可使用砖混结构或框架结构，砖混结构按照当地图集规范做法即

图 7-14　A 方案建筑效果图

图 7-15　B 方案建筑效果图

可。若使用框架结构则使用钢筋混凝土框架梁柱，柱子尺寸为 200mm×200mm，设置地圈梁，楼面层圈梁，既可以保证建筑的坚固性，又使室内空间布置上更加灵活，还为以后房屋增加一层进行升级改造奠定结构基础（见图 7-16）。屋顶选用轻型材料预制成型的坡顶屋架直接落地柱子上，方便施工。

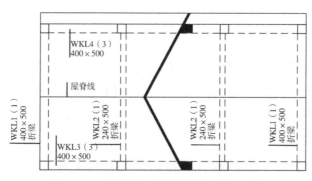

图 7-16　钢筋混凝土框架结构示意平面图

7.3.5　围护结构构造

（1）基础和地面

建筑方案中基础挖深 1m，垫层用砖或者毛石。方案地面由上到下的做法为：面层，

20mm 厚砂浆找平层，50mm 厚豆石混凝土，60mm 厚模塑型聚苯板，100mm 厚 C20 混凝土，150mm 厚 3 : 7 灰土垫层，原土夯实。

（2）墙体

从节材、节能角度考虑，选用当地传统农宅的生土材料，墙体采用复合墙，墙体构造做法为 20mm 砂浆 +360mm 土坯砖 +20mm 水泥砂浆。为了增加建筑美观，土坯外墙面用灰色防水漆进行饰面。内墙采用粉煤灰多孔砌块砌筑，厚度为 240mm，经水泥砂浆抹面 + 白色内墙涂料。

（3）门窗

方案中附加阳光间位于建筑南侧，与客厅或者卧室相邻，外表面与外墙平齐，在屋顶部分加设部分倾斜玻璃面，阳光间宽度为 1400mm。阳光间门窗采用单层实腹钢门窗，与客厅间墙、卧室间墙设置门窗，便于阳光间与客厅、卧室之间的冷热进行交换。入户门采用传统双层铝合金门，建筑的门窗框采用铝合金双层窗，北侧窗户为单框双玻铝合金窗。

（4）屋顶

沿用双坡屋顶形式，屋面构造做法由上至下分别为：红色有机瓦 +20mm 1 : 3 水泥砂浆 +40mm 厚钢丝细石混凝土 +100mm 挤塑型聚苯乙烯保温板 +120mm 现浇钢筋混凝土屋面板 +PVC 吊顶。

7.4 康乐乡牧民定居点居住建筑方案模拟

7.4.1 软件模拟

（1）建筑动态能耗模拟软件的选择

利用计算机软件对建筑能耗的动态模拟分析是当前在建筑节能领域的一个普遍做法。目前国内外对太阳能建筑的动态热过程的模拟软件的开发和利用已经比较成熟，其中具有代表性的主要有 DeST、Energy Plus、TRNSYS 和 DOE-2 等，本书选用 DeST 作为模拟工具分析方案建筑的窗墙比对建筑室内空气温度的影响。

建筑热环境模拟工具包 DeST（Designer's Simulation Toolkit）是清华大学建筑技术科学系自 1989 年开始研发的建筑能耗分析软件，它基于"分阶段模拟"的理念，可用于详细地分析建筑物的热特性。它建立了在外温、太阳辐射、室内发热量等各内、外扰量作用下，房间室温变化的数学模型，并考虑墙面之间的长波互辐射，由此建立起各个房间的关联。通过核算法，可以对建筑的热状况进行动态模拟，反映出建筑热状况随时间的变化过程[1]。目前，DeST 已开发出了 DeST-h 住宅版、DeST-c 商建版、DeST-e 住宅采暖空调能耗评估版、DeST-r 公共建筑节能评估版、DeST-s 太阳能建筑

---

① 熊安华. 太阳能低温热水采暖系统在拉萨地区的应用研究 [D]. 上海交通大学，2008

能耗分析版等，主要用于建筑及空调系统辅助设计、建筑节能评估和学术课题研究等三个方面[1]。

与 Energy Plus 等其他建筑能耗模拟分析软件相比，DeST 具有建筑冷热负荷计算准确性好，数据处理量小，采用图形化界面，稳定性好等优点，故选择 DeST-h 作为本书模拟软件。

（2）气象数据来源

气象参数是影响建筑通过围护结构得热的重要因素，也是建筑热环境动态模拟的必备输入条件[2]。由于气象环境具有随机性，根据各年的气象参数来计算建筑传热，其结果常有较大差别，因此本书引用了典型气象年这个概念来代表多年典型的气象状况。典型气象年（TMY）是将历年数据精细整理选取的共有全年 8760 小时的逐时气象资料组成的气象数据集，包括干球（湿球）温度、太阳能辐射强度、风速及风向等一系列数据。

本书使用的气象数据是来自于模拟软件 DeST 所提供的逐时气象参数数据，此数据是以 270 个台站 1971 ~ 2003 年（或建站年 ~ 2003 年）的所有全年逐时数据为基础，根据动态模拟分析的不同需要挑选出 6 套逐时气象数据，这些数据分别为不同的模拟目的服务，包括建筑能耗分析、空调系统设计模拟分析、供暖系统设计模拟分析以及太阳能系统设计模拟分析。

（3）建筑采光模拟软件的选择

运用计算机软件进行建筑自然采光动态模拟是当前建筑设计领域常用的做法。目前国内外已开发设计了 DIALux、Ecotect、Radiance 和 PKPM 等用于采光动态模拟的软件，本书选用 Ecotect Analysis 2011 作为模拟工具分析方案建筑的南向不同窗墙比对房间自然采光的影响。

Ecotect Analysis 软件最初是由英国 Square One 公司创始人 Andrew Maish 开发的生态建筑设计软件，是一款功能相对全面，适用于从概念方案设计到深化设计环节的可持续设计、模拟及分析软件。在将近 20 年时间里推出了多个版本，从 1997 年推出的第一个商业版本 Ecotect 2.5 版后，陆续推出了 3.0，4.0，5.0 和 5.2 版。在 5.2 版本时，Ecotect 软件逐渐发展成熟。2008 年，在 Ecotect 被 Autodesk 公司收购后，先后经历了 Ecotect Analysis 2009/2010/2011，主要改进了建模和可视化部分[3]。Ecotect 软件与建筑设计的结合极为紧密成为其最大的特点。它以实际地点气候资料包为基础，对建筑方案从太阳辐射、日照、遮阳、采光、照明到热工、室内声场、室内外风场都可以进行

① 清华大学建筑节能研究中心天津生态城绿色建筑研究院. 建筑能耗模拟及 eQUEST&DeST 操作教程 [M]. 中国建筑工业出版社，2014: 280
② 宋芳婷，诸群飞，江亿. 建筑环境设计模拟分析软件 DeST 第 5 讲 影响建筑热过程的各种外界因素的取值方法 [J]. 暖通空调，2004（11）: 52-65
③ 张伟伟. ECOTECT 与 Designbuilder 在能耗模拟方面的比较研究 [D]. 南京大学，2012

模拟，涵盖了热环境、风环境、光环境、声环境、日照、经济性及环境影响与可视度等建筑物理环境的七个方面[1][2]。

与 DIALux 等其他采光模拟分析软件相比，Ecotect 软件具有建模速度快、分析时间短、易用性强、兼容性好的特点，它采用的分析方法是交互式的，通过建立一个简洁的场景模型，就能够得出可视化的数字分析图，分析结果比较直观[3]，故选择 Ecotect Analysis 2011 作为本书模拟软件，其采用的气象数据为 CSWD（Chinese Standard Weather Data）。2005 年，中国气象信息中心气象资料室与清华大学建筑技术科学系研究并开发了《中国建筑热环境分析专用气象数据集》，它收集了我国 270 个地面气象站台自 1971 年到 2003 年的实测气象数据[4]。

7.4.2 生态性能模拟与分析

采用对比房和设计房进行模拟比较分析的方式，对比房为通过建立模型，模拟康乐生态移民定居点一期建设的牧民新居住建筑，设计房为 A、B 两个建筑方案的模型。

（1）围护结构热工参数

与设计居住建筑方案 A 及方案 B 对比的房屋模拟定居点一期新建单层坡顶居住房，围护结构的热工参数如下（见表 7-1）。

围护结构的热工参数　　　　　　　　　　　　　　　　　表 7-1

	对比房（一期新建定居住房）	设计房（A 方案）	设计房（B 方案）
地面	素土夯实 + 地砖 R=0.97（m².K）/W	素土夯实 +60mm 混凝土垫层 +20mm 水泥砂浆 + 地砖 R=1.20（m².K）/W	20mm 水泥砂浆 +100mm 混凝土板 +75mm 聚苯板 +20mm 水泥砂浆 + 地砖 R=2.40（m².K）/W
内墙	20mm 砂浆 +240mm 砖墙 +20mm 水泥砂浆 K=1.2 W/（m².K）	20mm 砂浆 +240mm 砖墙 +20mm 水泥砂浆 K=1.2W/（m².K）	20mm 砂浆 +240mm 砖墙 +20mm 水泥砂浆 K=1.2W/（m².K）
外墙	5mm 涂料 +15mm 水泥砂浆 +370mm 黏土砖 +40mm 聚苯板 +15mm 水泥砂浆 K=0.44 W/（m².K）	5mm 涂料 +20mm 水泥砂浆 +75mm 聚苯板 +360mm 生土坯砖 +20mm 水泥砂浆 K=0.33W/（m².K）	5mm 涂料 +20mm 水泥砂浆 +75mm 聚苯板 +360mm 生土坯砖 +20mm 水泥砂浆 K=0.33 W/（m².K）
门窗	铝合金单层门 铝合金双层窗 K=3.1 W/（m².K）	铝合金双层门 铝合金双层窗 K=2.8 W/（m².K） 幕墙单玻窗 K=5.7 W/（m².K）	铝合金双层门 铝合金双层窗 K=2.8 W/（m².K） 幕墙单玻窗 K=5.7 W/（m².K）

① 刘蓓 . 寒冷地区单面采光教学建筑窗洞尺寸的优化研究 [D]. 长安大学，2012
② 李晓宁 . 基于 ECOTECT 软件下的保障性住房物理环境设计分析研究 [D]. 河北工程大学，2017
③ 王童 . 自建住宅光环境调研与改善 [D]. 合肥工业大学，2017
④ 赵玉芬，杨柳，张同伟 . 基于 Weather tool 的气候分析方法 [J]. 中国建材科技，2013（01）：54-57

续表

	对比房（一期新建定居住房）	设计房（A方案）	设计房（B方案）
屋顶	双坡屋面（竹帘吊顶+5mm竹帘子+50mm草泥+15mm红色有机瓦）K= 3.42 W/（m²·K）	双坡屋面（PVC吊顶+120mm钢筋混凝土屋面板+100mm聚苯板+40mm钢丝细石混凝土+20mm 1：3 水泥砂浆+15mm红色有机瓦）K= 0.28 W/（m²·K）	双坡屋面（PVC吊顶+120mm钢筋混凝土屋面板+100mm聚苯板+40mm钢丝细石混凝土+20mm 1：3 水泥砂浆+15mm红色有机瓦）K= 0.28 W/（m²·K）

（2）确定计算温度

本书使用DeST-h软件，将对比房及设计房的东卧室进行模拟对比。选择张掖市典型年的气象数据作为模拟的气象数据进行加载，舒适温度设定为14～26℃。

住建部2009年试行的《严寒和寒冷地区农村住房节能技术导则》中将农村住房主要房间冬季采暖室内设计计算温度确定为14～18℃，并指出农村住房的主要房间指卧室和起居室，该温度作为进行采暖设计的计算温度[①]。分析其主要原因：长期以来牧民住宅冬季没有集中供暖，当地牧民生活习惯围绕炉子取暖活动，生态移民定居后多层定居楼采用了集中供暖已经体会到室内高温的感觉。此外，牧民与农民和城市居民不同的是，当地牧民冬季要经常出入房屋去畜牧圈照看牲畜，习惯穿厚衣服进入房间内不更换，室内和室外的穿着都是一样的，这样就很容易适应内外部较小的温差，满足频繁出入房间工作的需要。因此牧民对低温环境的适应性强，耐受力强。鉴于以上情况，取最低线14℃作为当地太阳能居住建筑冬季取暖用能的室内温度标准是可行的。

（3）冬季逐时温度模拟及分析

从图7-17及图7-18中可以看出最冷日室外平均温度为-11.43℃，最低温度为-17.00℃，出现在早7：00，最高温度为-4.10℃，出现在下午17：00。对比房平均温度为-4.22℃，设计房A平均温度为4.76℃，设计房B平均温度为4.57℃，两者相差不大，以上模拟均未考虑任何形式采暖。一天当中对比房的温度变化最剧烈，而设计房A和设计房B温度变化曲线均比较平缓，温度差分别为1.03℃和0.87℃。设计房A和设计房B的平均温度均高于对比房，但两者远低于舒适温度要求14℃，加上当地常用的炉子等采暖形式，设计房A和设计房B的冬季室内温度都能达到本地区舒适的水平要求。

（4）采暖季逐月能耗对比分析

采暖季节设置开始于10月21日到3月28日结束，共159天。张掖市采暖季室外空气温度及太阳辐射强度见图7-19和图7-20。

---

① 刘京华.陇东地区生态农宅适宜营建策略及设计模式研究[D].西安建筑科技大学，2013

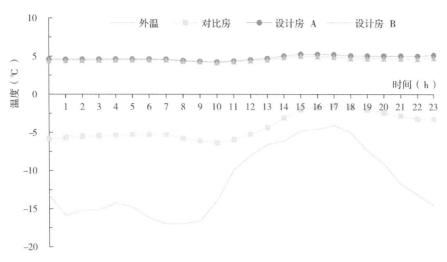

图 7-17 东卧室最冷日逐时温度变化曲线图

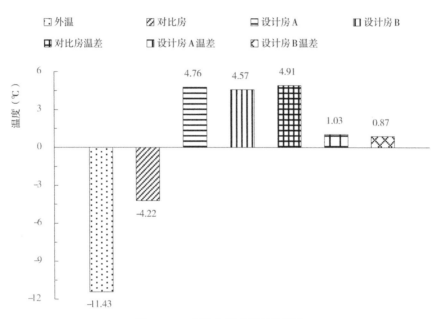

图 7-18 东卧室最冷日平均温度

对比房、设计房 A 和设计房 B 的逐月能耗如图 7-21 所示，模拟所得对比房采暖季建筑单位面积热负荷为 39.94W/m²，全年累计热负荷指标为 136.70 kW·h/m²；设计房 A 采暖季建筑单位面积热负荷为 12.83W/m²，全年累计热负荷指标为 27.83 kW·h/m²；设计房 B 采暖季建筑单位面积热负荷为 14.74W/m²，全年累计热负荷指标为 31.39 kW·h/m²。所以，设计房 A 在节能方面表现最佳，其次是设计房 B，对比房则表现最差。设计房 A 采用生土坯砖墙内加保温层的做法，南向使用附加阳光间，北向设计储藏间

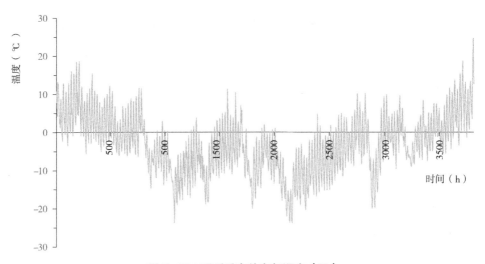

图 7-19　采暖季室外空气温度（℃）

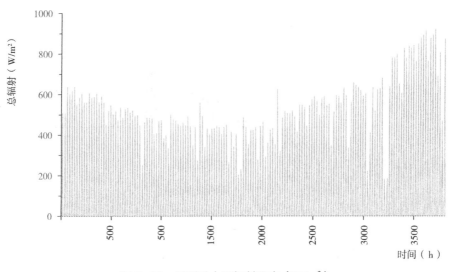

图 7-20　采暖季太阳辐射强度（W/m²）

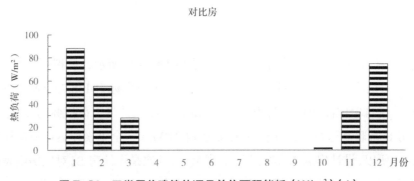

图 7-21　三类居住建筑的逐月单位面积能耗（W/m²）（1）

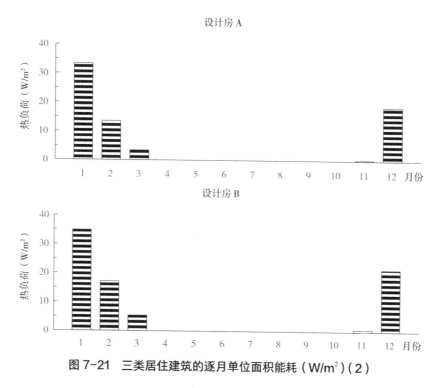

图 7-21 三类居住建筑的逐月单位面积能耗（W/m²）（2）

等非主要功能空间，这些措施增强了房屋蓄热能力和保温能力，所以能耗最低。对比房墙体使用 370mm 厚实心黏土砖，并且屋顶未做任何保温构造，所以能耗最高。

（5）室内天然采光模拟及分析

本书使用 Ecotect Analysis 软件，将对比房及设计房进行天然采光模拟对比。模拟的气象数据加载选择张掖市 CSWD 气象数据，住宅的天然采光效果依据表 7-2 要求的采光系数标准值和室内天然光照度标准值判定。

住宅房间的采光标准值　　　　　　　　　　　　表 7-2

采光等级	房间功能	参照建筑类型	侧面采光	
			采光系数标准值（%）	室内天然光照度标准值（lx）
II	卧室、起居室（厅）	住宅	1.8	270

如表 7-3 及图 7-22 所示，对比房的天然采光系数平均值最低，为 3.61%，室内天然光照度为 595.98lx，均达到了采光系数标准值和室内天然光照度标准值的要求，但由于是单侧采光，西卧室及客厅的进深较大，照度分布极不均匀，近窗处与远窗处相差很大，采光均匀度较差；对比房 A 和设计房 B 均在南向增设了附加阳光间，并且加大了开窗面积，采光系数平均值明显增加，分别为 9.13% 和 4.72%，室内天然光照度值也达到了标准值要求，分别为 712.52lx 和 817.51lx，同时减小了房间进深尺寸，采光均匀度也优于对比房。

三类居住建筑天然采光比较 表 7-3

建筑类型	房间功能	侧面采光	
		采光系数标准值（%）	室内天然光照度标准值（lx）
对比房	卧室、起居室（厅）	3.61	595.98
设计房 A		9.13	712.52
设计房 B		4.72	817.51

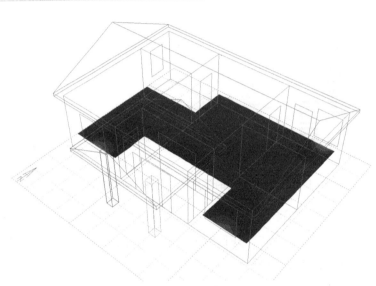

a）对比房

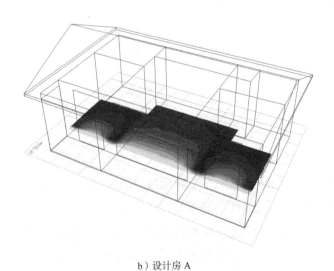

b）设计房 A

图 7-22　三类居住建筑天然采光模拟（1）

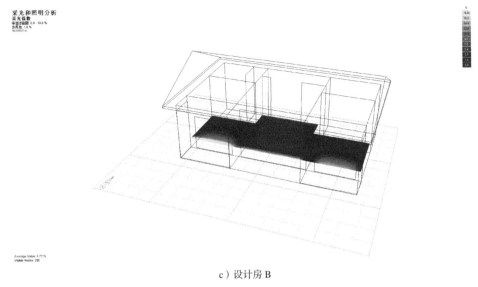

c）设计房 B

图 7-22　三类居住建筑天然采光模拟（2）

7.5　小结

　　本章依托牧民定居工程项目，结合当地的地理自然环境，通过对甘肃省肃南裕固族自治县康乐乡生态移民点牧民对新居住建筑需求的调查分析和牧民定居建筑创作研究，得出了适应当地地域特点和实际条件的定居点居住建筑设计方案以及技术措施。因种种原因最终实践项目未能落地实施，因此使用 DeST 和 ECOTECT 软件，将所设计居住建筑与现有定居点已建牧民定居住房进行热工环境、能耗和采光环境比较后，得出两个设计方案的居住建筑在温度、能耗及自然采光方面的表现明显优于已建成的牧民定居住房，证明了在前文中提出的建筑模式的合理性和有效性。两个方案在生态性能上都具有适宜性和有效性，两个方案中，A 比 B 方案在建筑节能上具有优势；B 比 A 方案在室内采光上有一定优势。通过如上居住建筑建设实践探索，丰富了祁连山北麓牧区牧民定居点居住建筑理论，也为其他西部山地草原牧区的绿色可持续发展提供了有益的借鉴。

8.

研究结论

祁连山北麓牧区传统居住建筑是在当地特殊的自然环境和竖向四季游牧方式作用下形成的"人、草、畜"相互协调的一种建筑形态，具有朴素的生态思想。然而随着时代的变迁，牧民开始聚居并形成定居点，居住建筑面临着生态环境保护、生产生活方式转变以及社会经济发展的新要求。因此，通过深入研究牧民定居点居住建筑的现代化、生态化和地域性的问题具有一定的意义。

本书以祁连山北麓定居点居住建筑为研究对象，系统地探讨了各个历史时期的牧民定居点居住建筑演变历程、建筑空间、形态、技术的演变等内容，从牧区居住建筑内涵出发，结合当前定居点居住建筑存在的问题及影响因素提出相应的建筑设计策略，进而切入到定居点居住建筑模式研究，并通过示范工程实例的验证后，为该地区牧民定居点居住建筑生态化建设提供建设性的意见。

研究结论如下：

（1）通过系统考查祁连山北麓牧区自然环境、生态环境、社会环境、地域环境背景，分析了该地区牧民定居点居住建筑演变的过程和规律，初步提出定居建筑的发展趋势。经过对当地牧民居住建筑内涵的剖析，找到居住建筑的基因，指出"人、草、畜"三者之间的平衡及稳定的状态影响定居点居住建筑的存在状态及演变进程，进而明确当地居住建筑的原始模型，具体如下。

基本模型：1）保持与畜群之间适宜的距离；2）保护节约土地不留废弃物；3）封闭规整的中心化空间布局；4）运用地方材料，清洁用能；5）宗教融入建筑；6）避风向阳、沿水近路。

演进模型：1）集中式的建筑群体布置；2）最大限度获得日照；3）开敞式院落；4）建筑的视觉形态。

（2）通过对祁连山北麓甘肃省各地山地草原牧区各类定居点进行三次现场调研和室内热环境测试等手段，对定居点内牧民自建和政府统建的居住建筑进行分析，发现了传统牧民定居点存在的问题为：建造质量差、室内外环境差、建筑空间不能满足现代定居生活需要，判断出这类居住建筑不再适合继续使用。而生态移民定居点存在的问题为：暖季定居点"空巢"现象突出、传统乡村聚落特征逐渐消失、直接照搬城市建筑、建筑空间功能及使用存在缺陷、传统地域建筑文化传承不足、建筑能耗大、建筑技术相对滞后。得出定居点居住建筑急需改善和调整，并将以上测试及分析结果为牧民定居建筑设计提供现实依据。

（3）针对牧民自建定居建筑和定居工程中建筑存在的问题，结合定居点居住建筑现代化、生态化和地域性要求，本书初步提出了祁连山北麓牧区居住建筑设计策略。包括：顺应自然生态环境的控制性设计策略、建筑空间的适应性设计策略、适宜性技术利用的优化性设计策略和地域建筑文化传承的再生性设计策略。

（4）通过分析发现新时期下祁连山北麓牧区居住建筑中主导要素发生变化，牧民经过异地移民定居后，居住建筑在保持牧区居住建筑内涵的基础上，脆弱的自然生态环境、高级的"牧居分离"的生产生活方式和现代社会发展对居住建筑的影响要大于传统地域文化的影响。将这些新变化与民居建筑模式建立对应关系后，形成了建筑选址布局模式、建筑空间模式、建筑技术模式、地域语言模式四大要素的居住建筑模式。

1）建筑选址布局模式：从协调"人、草、畜"整体关系出发，定居点居住建筑需有效应对当地自然生态环境，而形成相应的建筑选址与总体布局模式。

2）建筑空间模式：从适应定居后生产生活方式、社会发展趋势及气候出发，在传承原有定居建筑功能空间的基础上，将阳光间与其他空间进行有机融合，形成了基本型和发展型两种空间组合方式，符合定居点发展对居住建筑的要求。

3）建筑技术模式：从居住建筑现代化、生态化发展要求出发，按照居住建筑现代化建筑标准，以及严寒地区居住建筑要求和节能要求，选择适宜性的建筑技术。提出采用就地取材、使用环保建材、砖混结构和框架结构结合的建构方式；重点强化建筑围护结构的保温构造；尽量多使用清洁可再生资源，控制化石能源的使用，减少对环境碳排放量。

4）地域语言模式：通过将传统建筑形体语言传承于新居住建筑中，形成了一字形平面模式、中心化空间结构模式、平整封闭的建筑外墙模式、坡面屋顶模式四种模式。选取定居点主要牧民的传统民族文化中的图饰及色彩，经过整理和归纳后形成居住建筑的装饰与色彩语言。

（5）通过甘肃省肃南县康乐乡榆木庄定居点三期建设的居住建筑示范项目，验证该地区牧民定居点居住建筑模式的合理性和有效性。虽然项目最终未能落地实施，但经过对方案进行生态性能模拟分析后，得出居住建筑模式符合保温、低耗、节能的绿色建筑特征。

参考文献

期刊：

[1]　十九大报告：习近平直抵人心的 50 句话 [J]. 记者观察，2017（11）：16-17

[2]　习近平. 决胜全面建成小康社会　夺取新时代中国特色社会主义伟大胜利——在中国共产党第十九次全国代表大会上的报告 [J]. 共产党员，2017（21）：4-25

[3]　唐相龙，黄婧. 肃南裕固族牧民定居点调查研究 [J]. 小城镇建设，2015（12）：43-47

[4]　王芳，陈敬，刘加平. 多民族混居区的地域性建筑 [J]. 建筑学报，2011（11）：25-29

[5]　贾慎修. 中国草原类型分类的商讨 [J]. 中国草原，1980（01）：1-13

[6]　任继周. 放牧，草原生态系统存在的基本方式——兼论放牧的转型 [J]. 自然资源学报，2012（08）：1259-1275

[7]　任继周，侯扶江，胥刚. 草原文化基因传承浅论 [J]. 中国农史，2011（04）：15-19

[8]　包智明，孟琳琳. 生态移民对牧民生产生活方式的影响——以内蒙古正蓝旗敖力克嘎查为例 [J]. 西部民族研究，2005（02）：147-164

[9]　葛根高娃. 关于内蒙古牧区生态移民政策的探讨——以锡林郭勒盟苏尼特右旗生态移民为例 [J]. 学习与探索，2006（03）：61-64

[10]　张立中，潘建伟，孙国权. 草原生态环境保护与牧民生存方式的转变——苏尼特右旗实施"围封转移"战略调查研究 [J]. 内蒙古农业大学学报（社会科学版），2002（03）：1-3

[11]　贺卫光. 甘肃牧区牧民定居与草原生态环境保护 [J]. 西部民族大学学报（哲学社会科学版），2003（05）：45-50

[12]　赵雪雁. 高寒牧区生态移民、牧民定居的调查与思考——以甘南牧区为例 [J]. 中国草地学报，2007（02）：94-101

[13]　高永久，邓艾. 藏族游牧民定居与新牧区建设——甘南藏族自治州调查报告 [J]. 民族研究，2007（05）：28-37

[14]　王宁. 新疆游牧民族定居与牧区生产生活方式的转变 [J]. 新疆社会科学：汉文版，2005

[15]　朱华. 三江源地区牧民定居点生活供暖模式 [J]. 可再生能源，2005，（04）：80-81

[16]　李艳，袁为民. 新疆和布克塞尔蒙古自治县牧民定居实践的调研与思考 [J]. 实事求是，2012，3：101-103

[17]　李晓霞. 从游牧到定居——北疆牧区社会生产生活方式的变革 [J]. 新疆社会科学，2002（02）：64-69

[18]　陕锦凤. 从帐篷到定居房——循化县岗察乡游牧民定居工程调查研究 [J]. 青海民族研究，

2012，（02）:57-59

[19] 贺卫光,张鹏.社会学视野下的裕固族祭鄂博仪式及其功能研究 [J].西部民族大学学报（哲学社会科学版），2014（05）:175-180

[20] 严琼.青海祁连山地区生态文明建设研究 [J].攀登，2015（01）:81-86

[21] 张勃，张华，张凯，张明军，林清，鲁安新，郭正刚.黑河中游绿洲及绿洲—荒漠生态脆弱带土壤含水量空间分异研究 [J].地理研究，2007（02）:321-327

[22] 张文秀，郑华伟，司秀林.西部少数民族牧区生产问题及对策分析——基于川甘青三省六县的牧区调查 [J].西南民族大学学报（人文社科版），2009（10）:50-54

[23] 许尔君.美丽中国视域下以生态文明理念转变经济发展方式的路径思考 [J].北京市经济管理干部学院学报，2013（02）:3-8

[24] 王宗礼.中国草原生态保护战略思考 [J].中国草地，2005（04）:1-9

[25] 康萨如拉,哈斯敖其尔.内蒙古草原区矿产开发对草地的影响[J].经济研究导刊,2011(19):31-32

[26] 王涛，高峰，王宝，王鹏龙，王勤花，宋华龙，尹常亮.祁连山生态保护与修复的现状问题与建议 [J].冰川冻土，2017（02）:229-234

[27] 马骏骐.对游牧文化的再认识 [J].贵州社会科学，1999（03）:106-110

[28] 邢莉，赵月梅.草原游牧民族与草原游牧文化 [J].西部蒙古论坛，2011（01）:51-58

[29] 色音.萨满教与北方少数民族的环保意识 [J].黑龙江民族丛刊，1999（02）:80-86

[30] 刘学敏.西部地区生态移民的效果与问题探讨 [J].中国农村经济，2002（04）:47-52

[31] 中华人民共和国自然保护区条例 [J].河南政报，1995（01）:4-7

[32] 马宗保，马晓琴.人居空间与自然环境的和谐共生——西部少数民族聚落生态文化浅析 [J].黑龙江民族丛刊，2007（04）:127-131

[33] 刘铮，刘加平.蒙古族民居的热工特性及演变 [J].西安建筑科技大学学报（自然科学版），2003（02）:103-106

[34] 张勃，郝建秀，张凯.山地草原牧区生态环境的可持续发展研究——以张掖地区肃南县为例 [J].草业科学，2004（04）:16-20

[35] 张磊，刘加平，杨柳，王登甲.西部山地草原地区典型民居冬季热环境测试研究——以肃南喇嘛坪村为实测对象 [J].四川建筑科学研究，2014（03）:314-316

[36] 刘大龙，刘加平，何泉，翟亮亮.银川典型季节传统民居热环境测试研究 [J].西安建筑科技大学学报（自然科学版），2010（01）:83-86

[37] 张磊，刘加平.山地草原地区城镇住宅楼室内热环境的改善途径——以甘肃省肃南裕固族自治县县城为例 [J].城市问题，2014（07）:48-52

[38] 李晓霞.新疆游牧民定居政策的演变 [J].新疆师范大学学报(哲学社会科学版),2002(04):83-89

[39] 岳林.突破瓶颈 因地制宜 推进西部地区城镇化加快发展 [J].中国经贸导刊,2013（27）:33-36

[40] 王竹,范理杨,陈宗炎.新乡村"生态人居"模式研究——以中国江南地区乡村为例 [J].建筑学报,2011（04）:22-26

[41] 周亚成.哈萨克族游牧生产习俗的变迁与经济发展 [J].民族研究,2000（03）:54-62

[42] 任继周,侯扶江,胥刚.草原文化的保持与传承 [J].草业科学,2010（12）:5-10

[43] 王竹,魏秦,王玲."后传统"视野下的地区人居环境营建体系的解析与建构——黄土高原绿色窑居住区体系之实践 [J].建筑与文化,2007（10）:86-89

[44] 李强.黄土台原地坑窑居的生态价值研究——以三原县柏社村地坑院为例 [J].中国建筑教育,2016（03）:105-111

[45] 靳亦冰,党瑞,魏友漫.西部绿色人居环境的推进者——刘加平院士访谈 [J].新建筑,2013（03）:52-58

[46] 彭建国,汤放华.论建筑的时代性与地域性 [J].华中建筑,2011（05）:164-165

[47] 石锴.时代性还原的地域性建筑——建筑创作中的时代性、地域性 [J].工程建设与设计,2012（S1）:34-36

[48] 王海松,卢济威.山地建筑与生态 [J].时代建筑,1996（01）:19-23

[49] 王春梅.浅议建筑节能的途径 [J].甘肃科技,2010（22）:147-148

[50] 赵永珍.肃南裕固族自治县经济发展现状调查研究 [J].城市地理,2014（12）:192-193

[51] 刘艳峰.中国传统民居外窗遮阳系数研究 [J].太阳能学报,2007,28（12）

[52] 魏秦.地区建筑原型之解析 [J].建筑,2006,24（6）

[53] 陈晓扬.适宜技术的节约型策略 [J].建筑学报,2007,（7）

[54] 胡冗冗.西部乡村民居发展与更新问题探讨 [J].南方建筑,2010,5

[55] 黄金城.西部生土低技民居建筑的再生设计研究 [J].四川建筑科学研究,2010,36（3）

[56] 王登甲,刘艳峰,王怡,等.拉萨市住宅建筑冬季室内热环境测试评价 [J].建筑科学,2011,27（12）:20-24

[57] 刘加平.被动式太阳能建筑动态模型研究 [J].西安建筑科技大学学报,1994,26(4):343-348

[58] 刘加平,杨柳.零辅助能耗窑居太阳能建筑热工设计 [J].太阳能学报,1999,20（3）:302-310

[59] 赵西平,刘元,刘加平.秦岭山地传统民居冬季热工性能分析 [J].太原理工大学学报,2006（05）:565-567

[60] 蔡家麒.试论原始宗教研究 [J].民族研究,1996,（2）:53-58

[61] 王占杰,王芳霞.多层砖混房屋在施工中常见的问题及应对措施 [J].科技信息,2008（31）:471-482

[62] 卢峰,张晓峰.当代中国建筑创作的地域性研究 [J].城市建筑,2007,（6）:13-14

[63] 简毅文.模拟软件 DeST 的可应用性分析 [J].北京工业大学学报,2007（01）:46-50

[64] 赵玉芬，杨柳，张同伟．基于 Weather tool 的气候分析方法 [J].中国建材科技，2013（01）：54-57

[65] 阿德力汗·叶斯汗．从游牧到定居是游牧民族传统生产生活方式的重大变革 [J].西部民族研究，2004（04）：132-140

[66] 庾汉成，党建国．高寒地区被动式太阳能采暖技术应用的调查与分析 [J].工业建筑，2010（12）：22-24

[67] 汪玺，铁穆尔，张德罡，师尚礼．裕固族的草原游牧文化（Ⅰ）——裕固族民族的形成、宗教信仰与语言文字 [J].草原与草坪，2011（06）：87-93

[68] 杨军．萨满教的生态意识 [J].中外企业家，2012（12）：179-180

[69] 阿利·阿布塔里普，汪玺，张德罡，师尚礼．哈萨克族的草原游牧文化（Ⅰ）——哈萨克族的形成、分布及宗教信仰 [J].草原与草坪，2012（04）：80-85

[70] 克那木格，汪玺，张德罡，师尚礼．蒙古族的草原游牧文化（Ⅲ）——蒙古族的畜牧生产技术及手工产品 [J].草原与草坪，2013（04）：92-96

专著：

[1] 编委会环境科学大辞典．环境科学大辞典 [M].北京：中国环境科学出版社，2008

[2] 任继周．草地农业生态系统通论 [M].合肥：安徽教育出版社，2004

[3] 汪芳．查尔斯·柯里亚 [M].北京：中国建筑工业出版社，2003：25，374

[4] 张明华．中国的草原 [M].北京：商务印书馆，1995：133

[5] 高鸿宾．中国草原 [M].北京：中国农业出版社，2012：309

[6] （唐）令狐德棻．周书 [M].上海：上海古籍出版社，1991

[7] 马克思．1844 年经济学哲学手稿 [M].北京：人民出版社，2000

[8] 陆元鼎．中国传统民居建筑 [M].广州：华南理工大学出版社，1994

[9] 吴良铺．人居环境科学导论 [M].北京：中国建筑工业出版社，2001

[10] 刘加平．室内热环境设计 [M].北京：机械工业出版社．2005

[11] 刘加平等．建筑创作中的节能设计 [M].北京：中国建筑工业出版社．2009

[12] 王军．西部民居 [M].北京：中国建筑工业出版社，2009

[13] 刘加平．建筑物理 [M].北京：中国建筑工业出版社，2009

[14] 刘加平．绿色建筑概论 [M].北京：中国建筑工业出版社，2010

[15] 杨柳．建筑气候学 [M].北京：中国建筑工业出版社，2010

[16] 王芳．怒江流域多民族混居区民居更新模式研究 [M].北京：中国建筑工业出版社，2017：147

[17] 杨维菊．绿色建筑设计与技术 [M].南京：东南大学出版社，2007

[18] 中国城市科学研究会．中国绿色建筑 2013[M].北京：中国建筑工业出版社，2013

[19] 中国建筑标准设计研究院.农村居住建筑节能设计标准 [M].北京：中国建筑工业出版社，2013

[20] 高亦兰主编.《建筑形态与文化》研讨会论文集 [M]，北京，北京航空航天大学出版社，1997

[21] 陈晓扬，仲德崑.地方性建筑与适宜技术 [M].北京：中国建筑工业出版社，2007

[22] 周若祁等.绿色建筑体系与黄土高原基本聚居模式 [M].北京：中国建筑工业出版社，2007

[23] 高林俊.中国裕固族传统文化图鉴 [M].北京：民族出版社，2010：239

[24] 赵小龙.居住建筑设计 [M].北京：冶金工业出版社，2011：207

[25] 高鸿宾.中国草原 [M].北京：中国农业出版社，2012：309

[26] 闵文义等.西部民族牧区城镇化模式研究：以畜牧业产业化链条、信息化建设为支撑的城镇化 [M].北京：民族出版社，2012：321

[27] 张文秀等.西部少数民族牧区新农村建设研究 [M].北京：中国农业出版社，2012：273

[28] 赵之枫.传统村镇聚落空间解析 [M].北京：中国建筑工业出版社，2015：146

[29] 徐燊.太阳能建筑设计 [M].北京：中国建筑工业出版社，2015：204

[30] 天津生态城绿色建筑研究院，清华大学建筑节能研究中心.建筑能耗模拟及 EQUEST&DeST 操作教程 [M].北京：中国建筑工业出版社，2014：280

学位论文：

[1] 陈林波.青海海北牧区牧民定居建筑地域适应性设计研究 [D].西安建筑科技大学，2015

[2] 高源.西部湿热湿冷地区山地农村民居适宜性生态建筑模式研究 [D].西安建筑科技大学，2014

[3] 成斌.四川羌族民居现代建筑模式研究 [D].西安建筑科技大学，2015

[4] 崔文河.青海多民族地区乡土民居更新适宜性设计模式研究 [D].西安建筑科技大学，2015

[5] 白涛.嘉绒藏族地区传统聚落形态的更新与发展研究 [D].西安建筑科技大学，2014

[6] 张群.西部荒漠化地区生态民居建筑模式研究 [D].西安建筑科技大学，2011

[7] 柳晔.基于 EETP 指标的民居围护结构热工性能研究 [D].西安建筑科技大学，2013

[8] 谭良斌.西部乡村生土民居再生设计研究 [D].西安建筑科技大学，2007

[9] 张妍.四川藏区游牧民族居住形态研究 [D].西南交通大学，2010

[10] 左力.适应气候的建筑设计策略及方法研究 [D].重庆大学，2003

[11] 刘启波.绿色住区综合评价的研究 [D].西安建筑科技大学，2005

[12] 徐健生.基于关中传统民居特质的地域性建筑创作模式研究 [D].西安建筑科技大学，2013

[13] 姜冬梅.草原牧区生态移民研究 [D].西部农林科技大学，2012

[14] 王峰.地域性建筑研究 [D].天津大学，2010

[15] 汪丽君.广义建筑类型学研究 [D].天津大学，2003

[16] 马明. 新时期内蒙古草原牧民居住空间环境建设模式研究 [D]. 西安建筑科技大学，2013

[17] 吐尔逊娜依·热依木. 牧民定居现状分析与发展对策研究 [D]. 新疆农业大学，2004

[18] 孟琳琳. 生态移民对牧民生产生活方式的影响研究——以敖力克嘎查为例 [D]. 中央民族大学，2004

[19] 玛依拉·居马. 北疆哈萨克族牧民定居问题调查研究 [D]. 西部民族大学，2009

[20] 张贵华. 现代化视阈下新疆哈萨克族定居及文化调适研究 [D]. 新疆师范大学，2012

[21] 李海艳. 贵州不同聚落形态旅游业的发展研究 [D]. 贵州大学，2008

[22] 刘征. 山地人居环境建设简史（中国部分）[D]. 重庆大学，2002

[23] 杨芸. 城市住宅地域性与建筑设计 [D]. 天津大学，2003

[24] 高雅芳. 秦岭河谷型乡镇居住建筑空间适宜性策略研究 [D]. 长安大学，2014

[25] 谭良斌. 西部乡村生土民居再生设计研究 [D]. 西安建筑科技大学，2007

[26] 刘鑫渝. 土地制度变迁视野下的哈萨克牧区社会 [D]. 吉林大学，2011

[27] 常睿. 内蒙古草原牧民生活时态调查与民居设计 [D]. 西安建筑科技大学，2016

[28] 虞志淳. 陕西关中农村新民居模式研究 [D]. 西安建筑科技大学，2009

[29] 王润山. 陕南乡土民居建筑材料及室内热环境 [D]. 西安建筑科技大学，2003

[30] 宋利伟. 生态环境恢复下草原新村营建模式初探 [D]. 西安建筑科技大学，2011

[31] 黄婧. 肃南裕固族地区牧民定居点空间优化研究 [D]. 兰州交通大学，2015

[32] 张丽娟. 嬗变与抉择：文化传播视野下裕固族游牧文化变迁研究 [D]. 兰州大学，2013

[33] 熊安华. 太阳能低温热水采暖系统在拉萨地区的应用研究 [D]. 上海交通大学，2008

[34] 赵群. 传统民居生态建筑经验及其模式语言研究 [D]. 西安建筑科技大学，2004

[35] 李澜. 西部民族地区城镇化发展研究 [D]. 中央民族大学，2003

[36] 雷振东. 整合与重构 [D]. 西安建筑科技大学，2005.

[37] 李宁. 建筑聚落介入基地环境的适宜性 [D]. 浙江大学，2008

[38] 张婧娴. 甘南地区藏族新民居建筑研究 [D]. 兰州理工大学，2016

[39] 张玲慧. 传统村镇中的建筑更新设计研究 [D]. 北京交通大学，2013

[40] 王芳. 云南多民族混居区民居建筑更新模式研究 [D]. 西安建筑科技大学，2012

[41] 张伟伟. ECOTECT 与 Designbuilder 在能耗模拟方面的比较研究 [D]. 南京大学，2012

[42] 刘蓓. 寒冷地区单面采光教学建筑窗洞尺寸的优化研究 [D]. 长安大学，2012

[43] 王童. 自建住宅光环境调研与改善 [D]. 合肥工业大学，2017

[44] 刘京华. 陇东地区生态农宅适宜营建策略及设计模式研究 [D]. 西安建筑科技大学，2013

报告、报纸与网址：

[1] 西部 _ 百度百科 [M]，2018

[2] 中国的草原 _ 百度文库 [M]，2018

[3]   自然资源学_百度文库 [M]，2018

[4]   词语"牧区"的解释.汉典 zdic.net[M]，2018

[5]   牧区_百度百科 [M]，2018

[6]   牧民定居工程_百度百科 [M]，2018

[7]   人类聚居学_互动百科 [M]，2018

[8]   天山山脉.中国科学院地理科学与资源研究所 [M]，2018

[9]   哈萨克族的草原游牧文化（Ⅰ）[M]，2018

[10]   国家发改委.全国游牧民定居工程建设"十二五"规划 [R]，2012

[11]   聚落_百度百科 [M]，2018

[12]   [品味.认知] 聚落与聚落地理学_唔嘟_新浪博客 [M]，2018

[13]   中国·肃南裕固自治县人民政府门户网站 [M]，2018

[14]   国家新型城镇化规划（2014-2020 年）- 新闻频道 - 和讯网 [M]，2018

[15]   生态保护红线_百度百科 [M]，2018

[16]   基因_百度百科 [M]，2018

[17]   严寒和寒冷地区农村住房节能技术导则_百度文库 [M]，2018

[18]   本报记者梁生红.高原牧民过上现代生活 [N].张掖日报

[19]   本报记者张利锋.安居工程：幸福拔节 [N].青海日报

[20]   本报记者刘丁山.守护青山绿水 [N].张掖日报

外文文献：

[1]   S·Giedion. Regional Approach that Satisfies both Cosmic and Terrestrial Conditions，the New Regionalism[J]. Architecture Record，Reprinted in Architecture，you and me，1954：143-152

[2]   Klotz H. The history of postmodern architecture [J]. Donnell T B R，1988：100-102

[3]   Frampton K. Prospects for a Critical Regionalism [J]. PERSPECTA-THE YALE ARCHITECTURAL，1983，20（3）

[4]   J.F. Nicol, S. Roaf, Pioneering new indoor temperature standards: the Pakistan project [J]. Energy in Buildings，1996，23（3）:169–174

[5]   Helena C. Bioclimatic in vernacular architecture. Renewable and Sustainable Energy Reviews [J].1998，2（1-2）:67–87

[6]   R.J. deDear, G.S. Bragger, Towards an adaptive model of thermal comfort and preference[J]. ASHRAE Transactions ，1998，104（1）

[7]   Bouden C，Ghrab N. An adaptive thermal comfort model for the Tunisian context: a field study results. Energy Build [J].2005，37（9）:952–963

[8]   Vural N，Vural S，Engin N，Su merkan MR. Eastern Black Sea Region- a sample Fanger PO.

Thermal Comfort [M]. Florida Malabar: Robert E. Krieger Publishing Company，FL，1982

[9] M.Y. Numan，F.A. Almaziad，W.A. Al-Khaja. Architectural and urban design potentials for residential building energy saving in the Gulf region [J]. Applied Energy，1999，64:401-410

[10] Research on the Fire Protection Design of Commercial Building Evacuation Analysis of the Factors Affecting Safety.Information technology journal，2013-11-24

[11] Test Study of the Indoor Thermal Environment in winter of Herdsman Settlement Residential Building in China's Western Mountain Grassland Area.CHEMICAL ENGINEERING TRANSACTIONS，2015-11-01

[12] Study on Indoor Thermal Environment of Collection Multi-Layer Settlement Residential Building in Winter—Take the Herdsmen Settlement in Western Mountain Grassland as an Example.Journal of Computational and Theoretical Nano science，2017-02-01

[13] Lei Zhang. Research on teaching of green building design [J]. Journal of Chemical and Pharmaceutical Research.2015（03），P640-645

后记

　　祁连山北麓定居点居住建筑的发展，关乎我国西部山地草原牧区社会经济发展、生态保护、少数民族文化振兴、民族地区稳定等许多深层次的社会问题。如何促进本地区定居点新居住建筑的现代化、生态化、地域化发展，提高居住的舒适性、建造的科学性以及文化发展的可持续性，是一项艰巨的工作和复杂的研究课题。本书提出的祁连山北麓牧区定居点居住建筑模式理论，是对定居点居住建筑发展的基本规律的总结，因笔者专业知识有限，本书尚存在以下不足：

　　（1）祁连山北麓牧区在甘肃省各地市辖区分布不一，各地之间在社会经济发展、政策实施、文化理解上存在着或多或少的差异。由于本研究中调研有限，未能涉及更全面的定居点，致使对居住建筑调研的深度和广度有所降低。

　　（2）对于定居点居住建筑设计实验方案，因国家对祁连山生态破坏重要指示的出台致使当地政府政策调整未能实施，缺少了有力的实证依据。

　　展望未来工作，针对祁连山北麓牧区各地的生态移民定居点新居住建筑设计与工程实践的试点与推广将成为重点，并以此全面补充、提高定居点建筑创作水平，通过实践修订、完善新居住建筑模式，探索适宜性技术应用、地域文化展现的方法与途径，为牧区定居点居住建筑更新增添新的实践经验。此外，可由定居建筑出发再扩展至关于定居点的生态化研究，以及生态移民定居点更深层次的理论与实践的探讨，从更宏观、系统的视角审视定居点聚落的生态化、现代化与地域性问题。从区域、流域等广阔领域归纳总结地域建筑的创作与更新、生态化策略等有关人居环境广泛而深入的课题。